高等院校艺术设计专业精品系列教材
"互联网 +"新形态立体化教学资源特色教材

Space Lighting
Design

空间照明设计

蒋 樱 何靖泉 刘 涛 **主 编**

王红英 王 琳 刘 岚 郑雅慧 **副主编**

总主编

邓诗元

U0379037

中国轻工业出版社

图书在版编目（CIP）数据

空间照明设计 / 蒋樱，何靖泉，刘涛主编. —北京：中国轻
工业出版社，2023.8

全国高等教育艺术设计专业规划教材

ISBN 978-7-5184-1602-8

Ⅰ. ①空… Ⅱ. ①蒋… ②何… ③刘… Ⅲ. ①室内照明—
照明设计—高等学校—教材 Ⅳ. ①TU113.6

中国版本图书馆CIP数据核字（2017）第222110号

责任编辑：王 淳 李 红 责任终审：孟寿萱 整体设计：锋尚设计
策划编辑：王 淳 责任校对：晋 洁 责任监印：张 可

出版发行：中国轻工业出版社（北京东长安街6号，邮编：100740）

印 刷：艺堂印刷（天津）有限公司

经 销：各地新华书店

版 次：2023年8月第1版第5次印刷

开 本：889×1194 1/16 印张：7.25

字 数：220千字

书 号：ISBN 978-7-5184-1602-8 定价：42.00元

邮购电话：010-65241695

发行电话：010-85119835 传真：85113293

网 址：http://www.chlip.com.cn

Email：club@chlip.com.cn

如发现图书残缺请与我社邮购联系调换

231222J1C105ZBW

前言
PREFACE

现代建筑装饰不仅注重室内空间的构成要素，更加重视照明设计对室内外环境所产生的美学效果以及由此而产生的心理效应。因此，灯光照明不仅仅是延续自然光，更是在建筑标准中充分利用明与暗的搭配，光与影的组合从而创造一种舒适、优美的光照环境。

环境设计是一个系统工程，它的建设需要建筑师、结构工程师、室内设计师、照明设计师及供暖、通风、空调、电气工程师诸多人员的共同努力。

随着时代的进步，人们对居住空间的要求越来越全面，照明设计已成为室内外环境设计的一个重要环节，成为人们对居住空间的重要要求之一。而不同的空间类型对照明设计的具体要求是有差异性的，功能性和审美性的结合是照明设计总的趋势。

照明是科学，也是艺术，建筑物内部特别依赖照明，光线亦凸显建筑的内外结构和材料质感。设计师除了需要充分地理解建筑的形体和空间，还要能够对灯具和光源进行准确把握和熟练运用。

只有充分掌握"光"的控制技术，以及对"光"进行合理科学的布置，才能设计出满足人的视觉生理和心理需求的好作品。

很多设计人员及本专业的学生都非常渴望掌握空间照明的原理和技术，而市场上对应的教材大多是讲述光电学的物理知识，但没有从设计角度图文并茂讲述空间照明的理论书籍，不能激发大家的学习欲望，对大家的设计思维也不能起到有效的推动作用。

针对市面上已有书籍的不足，我们编写了《空间照明设计》，包括从光学物理性能、照明美学等角度叙述了照明的基础理论，同时也从照明空间设计实例（精确到某一空间的布光依据、灯具种类、数量）和照明空间图片欣赏加强学生对照明设计应用能力的掌握。

通过本教材的学习，可掌握构成空间照明的基本法则，培养学生的审美情趣、设计意识和构成能力，同时使学生具备一定的创意能力；可掌握照明设计的基本原理和规律，能运用照明对环境气氛与个人情感的表现，使学生对照明具有初步的理性分析和表达能力，为今后的专业设计打下良好的基础。

本书按照教案式的课堂教学模式进行编排，并安排设计了单元练习，既便于学生学习又便于教师备课。

本书主要内容包括：光的基本概念，电气设计技术，电光源，室内照明灯具，室内照明设计基础，艺术照明的方式，住宅空间室内照明设计，商业空间室内照明设计，间接照明，照明计算，空间照明设计案例赏析等。内容新颖，系统全面，图文并茂，兼顾专业与普及两个方面。

本书作为环境艺术专业基础课中的教材使用，本书在汤留泉老师的指导下完成编写，在编写过程中如下同仁给予帮助，在此表示感谢：黄溜、柯玲玲、廖志恒、刘婕、李星雨、彭曙生、王煜、王文浩、肖冰、袁徐海、姚欢、祝丹、张秦毓、邹静、钟羽晴、张欣、朱梦雪、张礼宏。

编者

2017.7

目 录
CONTENTS

1

空间照明
设计总论

◂ 章节导读

在人类漫长的文明发展历程中，照明一直与人类生活息息相关，在我们生活的世界里，没有光明是不可想象的。随着人类文明的发展，从最初仅靠自然光照明到现在变幻无穷的人工照明，我们已经不会再在黑暗中度过漫漫长夜，时至今日，灯光已经不再仅仅是为了单纯的照明，还涉及艺术领域，光环境的营造以及与之相关的文化内涵的表达也逐渐渗透进人们的生活当中，成为不可或缺的组成元素了（图1-1）。

图1-1　复古灯丝发光灯泡组合照明

第一节　光环境与光文化

一、概说

光环境对人的精神状态和心理感受能产生积极的影响。例如对于生产、工作和学习的场所，良好的光环境能振奋精神，提高工作效率和产品质量；对于休息、娱乐的公共场所，合宜的光环境能创造舒适、优雅、活泼生动或庄重严肃的气氛。

正因为光或者说照明有着广泛的用途和意义，作为专业设计人员来说，了解与光及照明相关的知识是不可或缺的。而这其中，特别是对人工照明的作用、技术、安装流程、相关电气知识以及光影艺术效果的营造，将是需要重点掌握的方面。

二、光环境的要点

光环境的涵盖面很广，主要是指由光与色彩在室内外建立起的有关人们生理和心理感受的物理环境。人们依靠不同的感觉获得各种信息，其中约有80%来自视觉，良好的光环境可以振奋人的精神，提高工作效率和产品质量，保障人身安全和视力健康。

光环境，属于建筑物理环境中的一个要素，也是建筑物理环境的一个主要研究方向。光环境的形成，总的来说，主要是通过光源、介质、阴影、被照物体等元素有机结合而来。这些元素是相互联系，不可分割的。光源发出光亮，然后透过介质，产生光和影的形态，或者光投射到物体上，留下影子，构成光与影的艺术。能否合理地应用材质与光的关系对光环境的营造有着至关重要的影响，好的光环境让人赏心悦目，使人心情愉悦；而不好的光环境，就是一种视觉污染，让人厌恶（图1-2）。

在现代社会中，人们离不开各种室内环境，提高室内空间环境的技术性与艺术性，是衡量现代生活质量的重要标志。光环境的设计实际是要形成一个良好的，使人舒适的，满足人们的心理、生理需求的照明环境，它是影响人类行为的最直接因素。作为保证人类日常活动得以正常进行的另一个基本条件，光环境的优劣也是评价室内环境质量的重要指标。

对于光环境，可根据其来源分为天然光环境和人工光环境两大类，而这两大类中，又可分别分为室外空间的光环境和室内空间的光环境。光环境设计要运用很多学科的基础理论，如建筑学、物理学、美学、生理学、心理学、人工工效等，它既是科学，又是艺术，同时又受经济和能源的制约。

光环境的营造主要依靠人工照明，在环境艺术设计领域里，光环境的研究一直处于重要地位，当前，突出的是对人工照明的探索与创新。因此，如何营造宜人的光环境，一方面需要具备相关的专业技术知识及对光环境各要素的理解，另一方面，也要深刻理解光文化的内涵，两者融会贯通，缺一不可。

（a）

（b）

图1-2　人工光环境示例

－ 照明提示 －

美国得克萨斯大学健康科学中心内分泌学家拉塞尔·雷特博士说过：灯光是一种毒品，滥用灯光，就是危害健康。现代生活已经离不开各式各样的照明，但是包围我们的照明如果利用不当也会出现种种问题甚至对我们造成不利的影响。这绝不是危言耸听，现代家居照明还有一些问题需要我们注意。

三、光文化的内涵

光与影，在我们的生活中随处可见，它们不仅仅影响着我们的日常物质生活，而且也伴随着人类文明的脚步，潜移默化地渗透到我们的精神世界中。光与影的存在与人类的文化发展有着深厚的渊源，因此在照明设计过程中，也要将光文化的内涵表达出来（图1-3、图1-4）。

什么是光文化呢？可以理解为将光与影，包括照明的工具和光影之间的关系，以人文的、诗意的方式进行解读和升华，同时也是将人们对于光的物理性能进行人性化的诠释。

1. 光文化是人类在社会历史实践中创造的

在文化的创造与发展中，主体是人，客体是自然，而文化便是人与自然、主体与客体在实践中的对立统一物，这里的自然不仅指人本身之外的自然界，同时也包括人类本身在内。光文化，就是照明的文化，是人类为了改善生存环境，延伸生存空间所采取的社会改造活动。

利用照明为人类自身社会活动所服务，同时照明的出现，也影响人们固有的生活习惯，改变了生活方式。文化的出发点是从事改造自然、改造社会的活动，进而也改造自身，即实践者本身，人创造了文化，同样文化也创造了人。

2. 光文化具有民族性，受社会形态的影响

人类学家告诉我们，人种、血缘、肤色和地理位置都不足以区分生活在这个地球上的人们，从根本上区分一个国家或民族的是心，一种拥有文化底蕴的心。在一个民族和地区的发展过程中，必然会沉积下该民族或该地区人们所共同拥有的价值品质，这就形成了文化。

不同社会形态下的人会有不同的价值取向，也会有不同的审美取向，或者说有不同的文化背景。面对这种差异性，互相尊重、互相包容才是一种积极的态度。

在照明研究中，通常会将东方人与西方人对光的喜好作这样的区分，认为东方人喜欢高色温、冷色调光环境，而西方人则更适应于低色温、暖色调光环境。其实在视觉结构上，东西方人并不存在巨大差异，而产生这种差异的原因是巨大的文化差异。当然，随着不同文化的交流和沟通，这种对光环境喜好的差异也会逐渐得到缓解，但对照明设计和研究工作者来说，尊重这种文化差异将对做好设计和研究工作起到巨大帮助。

3. 光文化应该具有历史连续性和继承性

随着人类社会的发展，人们从简单的光明向往、圣火崇拜，发展到对照明情趣和品位的需求；从简单的火把到具有装饰作用的灯笼，再到如今灯饰城里林林总总的灯具产品，这个演变发展过程的本身就是文化的体现，同时也给照明设计和研究者一个启示——只有了解设计或研究对象历史才能更好地完成实际工作。

光，对于人类来说，意味着明亮和温暖，又包涵着生机、团圆、希望等引申；同时，还充满着温馨与

图1-3　光意味着明亮和温暖

图1-4　光营造情感色彩

热烈的情感色彩，在一些古诗词中，都可窥见一斑：如"春蚕到死丝方尽，蜡炬成灰泪始干""疏影横斜水清浅，暗香浮动月黄昏""众里寻她千百度，蓦然回首，那人却在灯火阑珊处"……这些美好的诗句，表现出了一幅幅光影组成的动人画卷，并深深地打动人们的心灵。还有一些词语，比如"火树银花""流光溢彩""灯红酒绿"等，也言简意赅地表现出了光影氛围的丰富性。

当然，光文化的内涵还有很多，而不同人的过往经历也会对光影产生不同的理解。这就要求设计师在营造光环境时，要特别注意光文化的结合与运用。比如在表现建筑物内部的个性特征时，通常会依赖照明，通过独具匠心的设计，可以使光线不仅从形式美

上彰显出结构与材料质感之美，还可从人文精神的层面展现出更深层次的美感。

营造理想的光环境，表达出和谐的光文化，设计师除了需要能够对灯具和光源进行准确把握和纯熟运用外，还要具备较深厚的文化素养，了解人们对于光的审美心理，"寄情于物"，才能进行合理科学又不失艺术表现力的照明设计，满足人们的视觉生理和审美心理的综合需求。

四、影响光环境的基本因素

1. 光环境的照度和亮度

保证光环境的光量和光质量的基本条件是照度和亮度。在光环境中辨认物体的条件有以下几点：

（1）物体的大小；

（2）照度或亮度；

（3）亮度对比或色度对比；

（4）时间。

这四项是互相关联、相辅相成的。其中只有照度和亮度容易调节，其他三项较难调节。可以说照度和亮度是明视的基本条件。照度的均匀度对光环境有直接影响，因为它对室内空间中人们的行为、活动能产生实际效果。但是以创造光环境的气氛为主时，不应偏重于保持照度的均匀度。

2. 光环境光色

光色指光源的颜色，例如天然光、灯光等的颜色。按照CIE标准色表体系，将三种单色光，如红光、绿光、蓝光混合，各自进行加减，就能匹配出感觉到与任意光的颜色相同的光。此外，人工光源还有显色性，表现出它照射到物体时的可见度。在光环境中光还能激发人们的心理反应，如温暖、清爽、明快等，因此在光环境中应考虑光色的影响。

混光是将两种不同光色的光源进行混合，通过灯具照射到被照对象上，呈现出已经混合的光。在光环境中往往也用混光。

激光是某些物质的原子中的粒子受到光或电的激发时由低能级的原子跃迁为高能级的原子，由于后者的数目大于前者的数目，一旦从高能级跃迁回低能级时，便放射出相位、频率、方向完全相同的光，它的颜色的纯度极高，能量和发射方向也非常集中。激光常用于舞厅、歌厅以及节日庆典的光环境中。

3. 光环境周围亮度

人们观看物体时，眼睛注视的范围与物体的周围亮度有关系。根据实验，容易看到注视点的最佳环境是周围亮度大约等于注视点亮度。美国照明学会提出周围的平均亮度为视觉对象的3～1/3。就一般经验而论，周围环境较暗，容易看清楚物体（图1-5），但是周围环境过亮，便不容易看清楚（图1-6）。因此在光环境中周围亮度比视觉对象暗些为宜。

图1-5　周围环境较暗　　　　图1-6　周围环境较亮

4. 光环境视野外的亮度分布

视野以外的亮度分布是指室内顶棚、墙面、地面、家具等表面的亮度分布。在光环境中它们的亮度各不相同，因而构成亮度对比。这种对比当然会受到各个表面亮度的制约。

5. 光环境眩光

在视野中由于亮度的分布或范围不当，或在时空方面存在着亮度的悬殊对比，以致引起不舒适感觉或降低观看细部或目标的能力，这样的视觉现象称为眩光。它在光环境中是有害因素，故应设法控制或避免。

6. 光环境阴影

在光环境中无论光源是天然光或人工光，当光存在时，就会存在着阴影。在空间中由于阴影的存在，才能突出物体的外形和深度，因而有利于光环境中光的变化，丰富了物体的视觉效果。在光环境中希望存在着较为柔和的阴影，而要避免浓重的阴影。

第二节　自然采光与人工照明

一、自然采光概念及影响

自然采光，诺曼·福斯特曾经说过："自然光总是在不停地变化着，它可以使建筑富有特征，在空间和光影的相互作用下，我们可以创造出戏剧性的效果。"作为光环境设计中最具有表现力的因素之一，自然光日益受到重视。

自然采光应该是最主流的办公建筑照明形式，现在办公建筑照明所消耗的电力占总电力消耗约30%。因此通过建筑设计充分发掘建筑利用自然光照明的可能性是节能的有效途径之一。此外，人们利用自然光照明的另一个重要原因是自然光更适合人的生物本性，对心理和生理的健康尤为重要，因而自然光照程度成为考察室内环境质量的重要指标之一。

1. 概念

自然采光即天然采光，也称为昼光，它总是处于不断变化之中。人类在进化的过程中，绝大多数在天然光的环境下生活，人类对天然光具有与生俱来的亲近感。通常将室内对自然光的利用，称为"采光"。自然采光，可以节约能源，并且在视觉上更为习惯和舒适，心理上更能与自然接近、协调（图1-7）。

2. 采光通道

采光通道最常见，运用最广泛的采光通道就是窗户，甚至可以将所有的采光通道都称为窗，只是大小、形状各异。因此对于自然采光设计来讲，核心就是采光通道的设计，它关系到自然采光与人工照明的能耗及综合运用等重要内容。

3. 采光通道的类型

（1）垂直窗　是最为常见的方式，即安装在墙壁上的窗户，并且高度大于宽度。这种窗一般都会配有玻璃或其他透明材质，既保证光线进入又防风挡雨（图1-8）。

（2）水平窗　是18世纪后期英国车间为引进昼光而发展起来的。早期建筑的承重结构不允许这样做，框架结构给予窗户设计很大灵活性，现在它们常用在多层建筑（图1-9）。

（3）窗墙　水平窗的自然延伸，由窗户占据建筑的周边，使墙体变成窗。即使是建筑的转角也能用水平窗包围（图1-10）。

（4）天窗　对于大跨度的建筑，或者那些认为不适宜做周边窗户的建筑，如美术馆，使用天窗提供垂直方向光线是一种解决方法（图1-11）。

图1-7　光营造情绪

图1-8　垂直窗采光

图1-9　水平窗采光

图1-10　窗墙自然采光

图1-11　顶棚天窗自然采光

二、人工照明

人工照明也就是"灯光照明"或"室内照明"，它是夜间主要光源。人工照明是创造夜间建筑物内外不同场所的光照环境，补充因时间、气候、地点不同造成的采光不足，以满足工作、学习和生活的需求，而采取的人为措施。

1. 概念

人工照明，通常指自然采光以外的照明方式，即运用人造的发光物进行照明。

人工照明除必须满足功能上的要求外，有些以艺术环境观感为主的场合，如大型门厅、休息室等，应强调艺术效果。因此，不仅在不同场所的照明（如工业建筑照明、公共建筑照明、室外照明、道路照明、建筑夜景照明等）上要考虑功能与艺术效果，而且在灯具（光源、灯罩及附件之总称）、照明方式上也要考虑功能与艺术的统一。

2. 人工照明的发展

最初人类依靠钻木取火取暖，由火燃烧产生的热量而发光。大约在15000年前人类发明了用动物油脂为原料的原始油灯，随后出现了灯芯草灯（将灯芯草插入融化的油脂中点燃而发光），它是蜡烛的雏形，之后，随着工艺的进步，人们发明了蜡烛，在无电时代，蜡烛和燃气体的灯给人们的夜间生活带来了光明。直到19世纪末期爱迪生发明了钨丝电灯，人工照明方式才有了革命性的进步，电灯开始大量使用。

3. 人工照明的作用

人工照明环境具有功能和装饰两方面的作用，从功能上讲，建筑物内部的天然采光要受到时间和场合的限制，所以需要通过人工照明补充，在室内造成一个人为的光亮环境，满足人们视觉工作的需要；从装饰角度讲，除了满足照明功能之外，还要满足美观和艺术上的要求，这两方面是相辅相成的。根据建筑功能不同，两者的比重各不相同，如工厂、学校等工作场所需从功能来考虑，而在休息、娱乐场所，则强调艺术效果。人工照明不仅可以构成空间，并能起到改变空间、美化空间的作用。它直接影响物体的视觉大小、形状、质感和色彩，以致直接影响到环境的艺术效果。

图1-12 整体照明

4. 人工照明的类型

（1）整体照明 是指采用匀称地镶嵌于天棚上的固定照明，这种照明形式使光全部直接作用于工作面上，光的工作效率很高（图1-12）。

（2）局部照明 也称重点照明、补充照明。为了节约能源，在工作需要的地方才设置光源，并且还可以提供开关和灯光减弱装备，使照明水平能适应不同变化的需要（图1-13）。

（3）装饰照明 也称气氛照明，主要是通过一些色彩和动感上的变化，以及智能照明控制系统等，在有了基础照明的情况下，加以一些照明来装饰，令环境增添气氛。装饰照明能产生很多种效果和气氛，给人带来不同的视觉上的享受（图1-14）。

图1-13 局部照明

三、人工照明和自然采光的关系

1. 人工照明和自然采光

不论自然采光或者人工照明，首先都是要满足人们的使用需求。通过构造较高的层高和较大的窗户，使自然光线能照到大进深房间，提高用光效率。如果窗口尺寸无法完全满足采光需求，就必须加大人工照明的使用力度，营造合宜的光环境。相比自然采光，人工照明更加突出装饰变化效果（图1-15）。

2. 光和影、明和暗的关系

光与影互相依存、彼此映衬。营造光环境从某一

图1-14 装饰照明

程度上讲就是对光的强弱、明暗层次、光影分布、光色氛围的适度把握和创新构建。因此，在考量自然照明与人工照明的相互关系时，也要注意到自然光影与人工光影之间的协调，并非越亮越好，或者全部是均匀泛光照明就理想，根据局部环境的需求，进行针对性设计，使环境中的自然照明与人工照明表达出同一意境，完成光影的合理营造（图1-16）。

3. 白光和彩光的关系

自然照明一般是运用阳光或者天光，以均匀的白色为主，用光的表观颜色营造氛围，有明显的心理诱导作用。彩光对被照物有染色效果，会使人和物的真实色彩发生重大变异，不宜大面积采用。为了避免与交通信号颜色混淆，频繁闪跳的彩光应当禁用（图1-17）。

图1-16　人工照明表现光影

图1-15　人工照明重视装饰性

图1-17　人工彩光运用

- 照明提示 -

照明应该结合自然照明和人工照明，不能全部依靠灯具照明。阳光可以杀死室内空气中的有害微生物；可提高人体免疫能力。专家们认为，室内每天有两小时日照是维护人体健康和发育的最低需要。可见自然照明也是不可或缺的，家庭照明不应把阳光挡在室外。

第三节　照明目的分析

一、照明设计的目的概说

灯光效果在室内装饰中起着不可替代的作用，它并不仅仅起着照明的作用，而且起着增加和调节色彩的功能，其意义在于美化装饰效果，起到锦上添花的作用。照明设计分为数量化设计和质量化设计，数量化设计是基础，就是根据场所的功能和活动要求确定照明等级和照明标准（照度、眩光限制级别、色温和显色性）来进行数据化处理计算；在此基础上照明设计还需要质量化设计，就是以人的感受为依据，考虑人的视觉和使用的人群、用途、建筑的风格，尽可能多地收集周边环境（所处的环境、重要程度、时间段）等多种因素，做出合理的决定。

照明设计的目的是根据不同的室内外环境所需要的照度，正确选择光源和灯具，确定合理的照明形式和布置方案，创造一个合理的高质量的光环境，来满足工作、学习和生活的要求。功能照明与景观照明的关系是以人为本，功能优先。人的物质需要和精神追求同等重要。

二、照明的功能性目的

照明的功能性一般依据空间的功能性来设置，主要满足如下功能：

1）居住空间的生活照明；
2）公共空间内部功能照明；
3）信号指示照明；
4）紧急疏散照明；
5）影视制作环境照明；
6）舞台表演照明；
7）外部空间环境照明。

在室内外空间环境中，照明需要满足人们的工作、学习、操作、交流、避害等各种需求，在进行照明设计时，应该以符合功能要求作为第一要务（图1-18至图1-21）。

三、照明的装饰性目的

从审美或者装饰化的角度来看，照明的另一个目的就是装饰空间，营造氛围，引导大众的审美情趣，满足居民美化生活的要求，进而创造具有美感的光文化氛围。装饰化的照明设计是空间视觉艺术的重要元

图1-18　居住空间照明　　　　　　图1-19　公共空间照明

图1-20　户外环境照明

图1-21　舞台照明

素之一，实体形式的构筑如果没有照明的辅助，会显得了无生机。满足照明的装饰性目的可以通过灯具、材质、光影关系等方面的创意来创造不同环境气氛，引领视觉享受的新境界。

1. 灯具装饰

作为照明的一个重要载体——灯具，其形制和色彩本身就具有很强的装饰性，在室内设计里面，常常起到画龙点睛的作用（图1-22）。

（a）

（b）

（c）

（d）

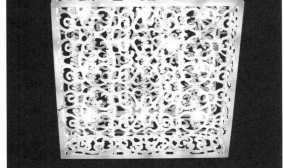

（e）

图1-22　装饰灯具

2. 材质装饰

照明的装饰性目的还体现在对于材质的装饰之上。空间内各种陈设、家具等的材质，都需要通过照明来体现。而且颜色光还可以起到一定的修饰作用（图1-23）。

3. 光影关系

光影关系也是照明的重要装饰作用之一，独具匠心的照明设计，可以体现出光与影的神奇与美妙（图1-24）。

（a）

（b）

（c）

图1-23 装饰照明表现材质

（a）

（b）

（c）

图1-24 光影效果照明

－ 照明提示 －

　　不同的场合需要营造不同的气氛。就像是人在不同的场合需要有符合该场合的举止和服装仪容，由于人对于特定空间有一定的刻板印象，因此，灯光也可以用来表达空间的用途。例如：人们对便利店和卖场空间的灯光要求和期待会与在舞厅和餐厅有所不同。

课后作业

作业要求：1. 收集居住空间、办公间、商业空间照明图片各10幅。

　　　　　2. 收集西方古典风格、现代风格、中式传统风格灯具设计图案各10幅。

作业数量：2件（21cm×29.7cm），装裱在约40cm×40cm的黑色纸板（或KT板）上。

建议课时：4课时

2

电气设计
技术

PPT课件，请用计算机阅读

‹ 章节导读

为了能更加自如地表达设计理念同时又保障实用及安全性，设计师也需要掌握一些基本电气设计技术，可独立改造小范围电气电路，既增加工作效率，又降低工程成本，同时也具备了更多的专业知识。一般而言，室内照明供电系统设计主要包括三方面：分路、照明配电箱设计、导线选择。本章主要讲解关于强弱电、回路设置、空开控制以及电线粗细及相应荷载方面的知识，用于后期各种空间照明设计（图2-1）。

图2-1　专卖店照明

第一节　常用电压

在日常生活中，常见电源有电压为220V和电压为380V两类，其中220V电源是低压供电电源的一种，又称单相供电；另一种是380V供电电源，也称三相供电。

一般情况下，供电电源在室外都是三相，共计五根电源线，即L1，L2，L3，N和PE。其中L1，L2，L3为火线，N为零线，PE为接地线，这就是三相五线制。这五根线以不同的组合方式进入室内则变成了单相或三相供电电源。普通住宅的供电电源基本都是220V单相供电电源。对于一些比较大的居住空间，如复式住宅和别墅，或者耗电较大的小型商用空间有时会提供380V三相供电电源。

— 照明提示 —

日本、美国等国用的标准是电压为110V，日本在入侵中国时，我国东北地区用的是110V电压。

第二节　强弱电基本概念

在建筑装饰工程施工中，常常会提到强弱电，这其实是判断电压信号的一种说法。

一、强电的基本概念

强电一般是指交流电电压在24V以上的，如普通民用电电压110~220V，工业用电电压380V。其特点是电压高、电流大、功率大、频率低，主要包括动力、照明等方面的运用，比如在建筑及装饰工程中的照明、空调、电热器、电炊具等以及其他一些大功率用电器等；在家居环境中使用的电器，如照明灯具、电热水器、取暖器、冰箱、电视机、空调、音响设备等也属于强电电气设备（图2-2）。

二、弱电的基本概念

弱电一般指24V以内的直流电电压，主要运用于信息的传送和控制，其特点是电压低、电流小、功率

图2-2 厨房电器设备

小、频率高，比如在建筑及装饰工程中常常使用到的消防系统、安全防范系统、影像及广播系统、通讯信息网络系统、建筑设备监控系统，还有以集中监控和管理为目的综合系统，自动报警及联动等智能化管理系统都属于弱电的范围；在家居环境中，各种数据采集、控制、管理及通讯的控制或网络系统等线路，以及电话、电脑、电视机的有线或数字信号输入设备、音响设备输出端线路等均属于弱电电气设备范围（图2-3、图2-4）。

图2-3 监控摄像设备

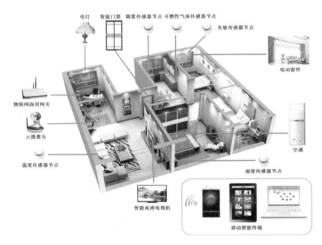

图2-4 家居智能无线设备

三、强弱电的区别

1. 交流频率不同

强电的频率一般是50Hz（赫），称"工频"，意即工业用电的频率；弱电的频率往往是高频或特高频，以kHz（千赫）、MHz（兆赫）计。

2. 传输方式不同

强电以输电线路传输，弱电的传输有有线与无线之分。无线电则以电磁波传输。

3. 功率、电压及电流大小不同

强电功率以kW（千瓦）、MW（兆瓦）计、电压以V（伏）、kV（千伏）计，电流以A（安）、kA（千安）计；弱电功率以W（瓦）、mW（毫瓦）计，电压以V（伏）、mV（毫伏）计，电流以mA（毫安）、μA（微安）计，因而其电路可以用印刷电路或集成电路构成。

强电中也有高频（数百kHz）与中频设备，但电压较高，电流也较大。由于现代技术的发展，弱电已渗透到强电领域，如电力电子器件、无线遥控等，但这些只能算作强电中的弱电控制部分，它与被控的强电还是不同的。

建筑中的弱电主要有两类：一类是国家规定的安全电压等级及控制电压等低电压电能，有交流与直流之分，如24V直流控制电源，或应急照明灯备用电源。另一类是载有语音、图像、数据等信息的信息源，如电话、电视、计算机的信息。

- 照明提示 -

在照明设计、施工过程中，要尽量避免两个不同回路之间的干扰、爬电、击穿、感应、短路等风险，避免烧毁器件，引发事故。

第三节　室内电气设计

一、室内电气设计内容

室内电气设计其基本内容，如图2-5所示。

二、电路敷设的基本知识

通常电气施工中，室内线路的敷设主要分为明敷设和暗敷设两类：

1. 明敷设

明敷设俗称"走明线"，采用绝缘材料制作线槽沿墙面、天花或屋架等，在不太追求视觉效果的室内空间中敷设，广泛用于工厂厂房、车间或者库房等地（图2-6、图2-7）。明敷设施工简便、维护直观并且成本耗费较低。需要注意的是，在明敷设时有可能遇到机械损伤的地方，例

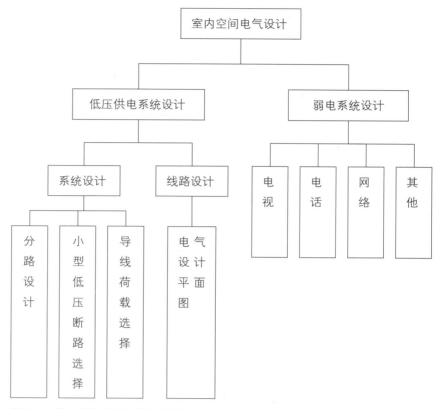

图2-5　室内电气设计内容示意图

如沿柱子、吊车梁、导轨或某些高度在1.8m以下的位置，应穿钢管或用其他措施进一步保护。配电箱的几个不同回路的出线沿同一方向明敷设时，可合穿一根钢管，但管内线路总数不应超过8根。

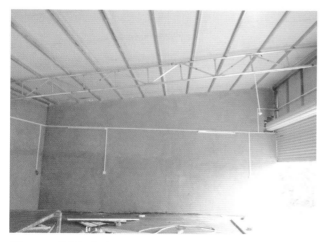

图2-6　明敷设线路

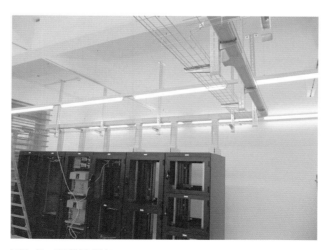

图2-7　明敷设桥架

2. 暗敷设

暗敷设即俗称的"走暗线"、"暗装"等，属于隐蔽工程的一部分。通常方法是将绝缘导线穿入焊接钢管、硬质塑料管或难燃烧的塑料电线套管中，埋入墙体内、地坪内，一般程序是先在相应位置开槽，然后将导线和线管置入，再用水泥砂浆等材料将其封闭，有时候，也可将线管置于吊顶内，这样操作工序较少，也不影响美观。当前居室电气施工中，常常使用阻燃塑料电线套管，它重量较轻，价格经济，施工方便（图2-8）。

由于相邻的电线在电流通过时，会产生一定的电磁干扰，有可能影响用电设备的信号传输，因此，在进行线路敷设操作时，应强调强电和弱电的管槽之间保持一定距离，通常在300mm以上，以避免并排走线造成的强电和弱电系统之间的干扰，尤其是网络线路，为保证良好的信号，在条件允许的情况下，尽量做到独自走线。

在封闭管线之前，应保留实际走线图纸，以备维修时，提高工作效率和准确度。对于插座，应合理预留，一般距离地面800mm以下，以免影响美观。

（a）暗敷设插座电路

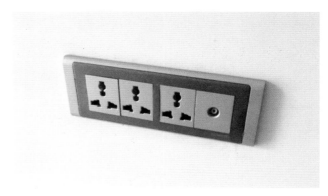

（b）暗敷设插座安装

图2-8　暗敷设插座

- 照明提示 -

　　线路的短路保护、负荷保护、电线线径的选择、低压电气（空调器、家用电器等）的安装，应按规定进行。电线穿管敷设时，管内电线的总截面积（包括外皮），不应超过管内径截面积的40%。

第四节　回路设置、空开控制

　　在室内照明及供电设计中，对于设计师而言，主要要了解关于回路设置和空开控制的相关知识。

一、室内照明供电设计原则

　　1）室内照明线路，常用导线截面、导线长度以每一单相回路电流不超过15A为宜。

　　2）室内分支线长度，220／380V三相四线制线路，一般不超过35m，单相220V线路，一般不超过100m。

　　3）如果安装高强气体放电灯或其他温光照明，每一单相回路不超过30A。这类灯具启动时间长，启动电流大，在选择开关和保护电器以及导线时要进行核算及校验（图2-9）。

4）每一单相回路上的灯头和插座总数不得超过25个，但花灯、彩灯和多管荧光灯除外，插座宜以单独回路供电。

5）应急照明作为正常照明的一部分同时使用时，应有单独的控制开关，应急照明电源应能自动投入应急使用。

6）每个配电箱和线路上的负荷分配应力求均衡。

7）按照电气设计规范，每条分支回路上插座数不应多于11个或者灯具不多于20盏，对于大功率用电电器，如空调、取暖器、电热水器等，每台都应设置单独的回路（图2-10）。

二、照明供电回路设计

照明供电回路设计，要结合具体情况具体安排，根据以上原则并考虑安全、成本等要求综合进行设计。

以居住空间为例，居住空间的使用功能丰富，回路设计要依据空间功能进行，居住空间用电回路设计一般如下：照明一路或几路（根据灯具数量来确定），每台空调为单独一路，电热水器一路，卫生间取暖器一路，卫生间插座一路、厨房插座一路，其他房间插座共计1～2路。以一套三室两厅两卫一厨的普通公寓为例，居住空间电气分路设计、安装如图2-11、图2-12所示。

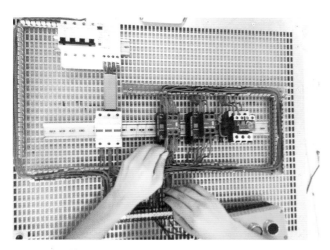

图2-9　电箱布置安装

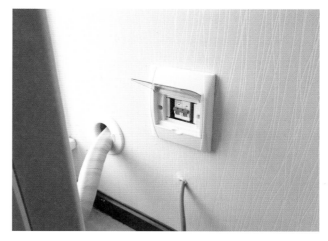

图2-10　空调单独回路控制开关

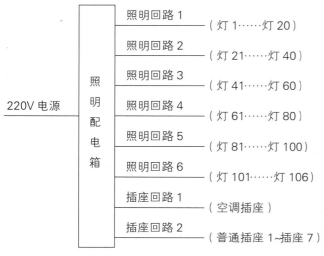

图2-11　居住空间电气分路设计示意图

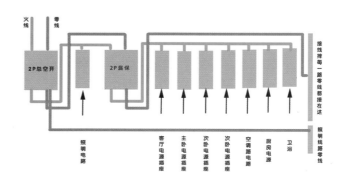

图2-12　居住空间电气分路安装示意图

三、空开与配电箱

空开与配电箱是室内空间电路设计中的重要部分，电源从户外进入户内，首先要接入配电箱中的空气开关，然后再按预先设计的回路进行布线。

一般说到的"空开"全称为空气开关，又称自动开关或低压断路器。其工作原理是：当工作电流超过额定电流、短路等情况下，自动切断电路。通过它连接和断开电路，由于空开可以分断比开关额定电流大得多的电流，所以它具有过流及短路保护功能，由于它的灭弧介质是空气，所以也被称为空气断路器或者空气开关。

空气开关主要由感受元件、执行元件和传递元件组成。在正常情况下，低压断路器可用来不频繁地通断电路及控制电动机，当电路中发生过载、短路等故障时，还能自动切断故障电源，可以保护电器。

目前，家庭总开关多以空气开关（带漏电保护的小型断路器）为主。常见的有以下型号/规格：C16、C25、C32、C40、C60、C80、C100、C120等规格，其中C表示起跳电流即促使空气开关自动断路的电流强度，例如C32表示起跳电流为32A，一般安装6500W热水器要用C32，安装7500W、8500W热水器要用C40的空开。而一般民用和商用室内供电系统是指从进入室内的供电电源开始到电气设备用电端点这部分（图2-13）。

图中的"电源分配"部分就是通常所说的"照明配电箱"（强电箱）。照明配电箱在土建施工过程中是预埋在室内墙壁上的。照明配电箱并非仅仅负担照明的电能分配，它还负责插座的电能分配，表中还粗略表明了室内用电不是把供电电源拿来直接使用，而是要对其进行分配后再使用，这就是所谓"分路"。民用和普通商用的分路主要是指照明和插座两部分。

配电箱进线一般为220VAC/1或380AVC/3，电流强度在63A以下，负载主要是照明器（16A以下）及其他小负荷，民用建筑中空调机也可由照明配电箱供电。照明配电断路器选择一般是配电型、照明型。常见的空气开关和配电箱品种繁多（图2-14～图2-17）。

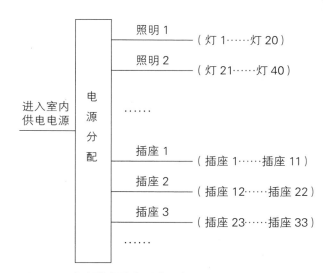

图2-13 室内供电系统组成示意图

图2-14 普通空气开关

图2-15 带漏电保护空气开关

图2-16 配电盒

图2-17 配电柜

- 照明提示 -

导致空气开关经常跳闸的原因有很多，首先可能是因为空气开关的寿命已经差不多了，提醒该更换了。还有可能是因为家里面的负载太多了所以功率过大它就自我保护了。夏季空调、热水器等大功率电器集中开启会造成空开负荷加大；也有可能与夏季空气湿度大有关。

第五节　电线粗细与相应荷载

电能是通过电线（导线）来传递的，电线品种繁多，根据不同用途，其导电能力大小不一，价格也有差别，如何经济合理地选择电线非常重要。

一、常见电线种类

一般住宅或者其他室内装饰工程的电气设计使用的导线型号主要是：BV—500的三种，截面面积分别为$1.5mm^2$、$2.5mm^2$和$4mm^2$。$1.5mm^2$导线主要用于照明线路，$2.5mm^2$导线主要用于插座线，$4mm^2$导线主要用于空调或者其他大功率线路。个别情况下，根据导线承载的电流大小也会用到BV—500的截面面积为$6mm^2$的导线。（图2-18、图2-19）

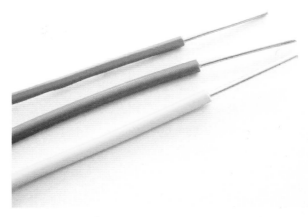

图2-18　$1.5mm^2$电线

图2-19　2.5mm²电线

在导线标识上，BV—500表示单芯铜导线，绝缘层耐压500V。室内电气设计一般还要考虑一定的安全系数。一般可按1mm²铜导线承载4A电流估算。因此，2.5mm²照明线可承受10A电流，即2.2kW电能消耗；4mm²插座可承受16A，即3.52kW电能消耗。不同截面的单芯铜导线可承载的最大电流和电能请参看表2-1。

表2-1　不同截面可承载的最大电流和电能

导线截面/mm²	最大承载电流/A	最大承载电能/kW
1.5	16	3.5
2.5	24	5.3
4	31	6.8
6	41	9

二、电线荷载计量

对于室内空间特别是居住空间的用电荷载量的计算，通常以2.5mm²铜芯线来计算，即按照2.5mm²铜芯线在穿管、暗埋后，月平均最高温度33℃的条件下的最大允许电流来计算，一般该数据为21A。在工作电压为220V时能够带动的最大负荷为220×21=4.62kW。对于居住空间等室内空间而言，在电路设计上，根据荷载来确定导线的粗细，具体可参见表2-2。

表2-2　电路分项、导线类型与分路方式关系表

电路分项	导线类型	分路方式
进户线或总闸	10mm²铜芯线	
空调线	4mm²铜芯线	每台单独一路
客厅、房间插座	2.5mm²铜芯线	合用一路
客厅、房间照明	1.5mm²铜芯线	合用一路
卫生间照明	1.5mm²铜芯线	单独一路
卫生间插座、浴霸	4mm²铜芯线	合用一路
厨房照明	1.5mm²铜芯线	单独一路
厨房插座或用电器	4mm²铜芯线	单独一路
冰箱	2.5mm²铜芯线	单独一路

空调的负荷较大，如果几台合用一路，会增加导线负荷，容易跳闸，也有火灾隐患，所以要每个分开。照明一般负荷较小，故可合用。卫生间、厨房的照明单独出来一方面是为了减少单根导线负荷，另外也因为两块地方潮湿发生故障几率相对略大，万一发生故障，可单独检修，而不会影响到其他照明或使用。

- 照明提示 -

选择照明灯具时一定要遵循安全原则，选择正规厂家的灯具。正规产品都标有总负荷，根据总负荷，可以确定使用多少瓦数的灯泡，尤其对于多头吊灯最为重要，即：头数×每只灯泡的瓦数＝总负荷

课后作业

作业要求：根据面积为90~120m^{2}的居室平面图，进行基本电路设计并计算。

作业数量：电路布置图一张，电路计算清单一份。

建议课时：4课时

3

光源与灯具

◀ **章节导读**

在现代社会中，灯光是不可或缺的一部分，在装修设计中更是占据了重要的地位。通过本章学习使学生了解一些光源与灯具的知识，既能在装修设计中更好的使用灯光，又能为下面几章内容的学习进行铺垫（图3-1）。

图3-1 卫生间照明

第一节 光源概说

宇宙间的物体有的是发光的，有的是不发光的，把自己能发光且正在发光的物体称为光源。尽管照明的历史可以追溯到几千年前，但在目前，非电力照明只用于一些特定场合，比如拍摄影视作品、野外生存或者营造某些局部气氛时运用。自1879年爱迪生发明了白炽灯以来，人们绝大部分都会选择电力光源进行日常生活、工作、学习等相关行为的照明。了解光源，首先要了解相应的专业术语及其概念。

一、光源的常用物理量

1. 光通量

光源在单位时间内向周围空间辐射出去的，并使人眼产生光感的能量，称为光通量，常用符号Φ表示，单位名称为"流明"（lm）。

2. 发光强度

是光度测定的基本单位，指光源在给定方向上的光通量分布状况，即光通量的空间分布密度，常用符号I_v表示，单位名称为坎德拉（cd）。

3. 照度

即被照表面单位面积上所接受的光通量，用来说明被照面上的照射程度，用光通亮除以面积数得到。常用符号E_v表示，单位名称为勒克斯（Lux 或lx）。

4. 亮度

亮度是能直接引起眼睛视觉的光原物理量。也可理解为人眼所看到发光体的明亮程度。例如同一空间内，相同照度光源照射在同样材质的黑色和白色物体表面，人们会觉得白色物体亮，即白色物体亮度高，因为人眼对物体的明暗感觉是通过所视物体的反光或发光线投到视网膜上的照度决定的。亮度常用符号L_v表示，单位名称为坎德拉每平方米（cd/m²）。

5. 色温

表示光源光谱质量最通用的指标。色温是按绝对黑体来定义的，当光源所发出的光的颜色与"黑体"在某一温度下辐射的颜色相同时，"黑体"的温度就称为该光源的色温。光谱中蓝色的成分越多，通常称为"冷光"（图3-2）；"黑体"的温度越低；而红色的成分越多，通常称为"暖光"（图3-3、图3-4）。色温常用符号是K_v，单位名称为开尔文（K）。

6. 光色

光色有两方面含义，一是指人眼直接观察光源时所看到的颜色，即光源的色彩；二是指光源的光照射到物体上所产生的客观效果，即显色性，显色性主要用来表示光照射到物体表面时，光源对被照物体表面颜色的影响作用。

图3-2　冷白色光源效果

图3-3　暖白色光源效果

图3-4　暖色光源效果

7. 光源的显色性

物体的颜色随着照明条件的变化而变化。物体表面色的显示除了取决于物体表面特征外，还取决于光源的光谱能量分布。不同的光谱能量分布，其物体表面显示的颜色也会有所不同。把物体在待测光源下的颜色同它在参照光源下的颜色相比的符合程度，定义为待测光源的显色性（图3-5、图3-6）。

二、光源的运用

1. 点光源的形成

点光源是一个相对的概念，点光源是理想化为质点的向四面八方发出光线的光源。点光源是抽象化了的物理概念，为了把物理问题的研究简单化。就像平时说的光滑平面，质点，无空气阻力一样，点光源在现实中也是不存在的，指的是从一个点向周围空间均匀发光的光源。当光源的直径小于它与被照物体之间距离的1/5时，可把该光源视为点光源（图3-7）。

2. 光幕反射

光幕反射是在视觉上镜面反射与漫反射重叠出现的现象。当反射影像出现在观察对象上，这些反射光照入眼睛时，物件上好似罩上一层"光幕"，看不清观察对象的细节，减弱所视物体与周围物体的对比，产生视觉困难（图3-8、图3-9）。

3. 光色与色温的运用

从光源的光谱能量分布和颜色引入色温这个表示光源颜色的量。当光源所发出的光的颜色与黑体在某一温度下辐射的颜色相同时，黑体的温度就称为该光源的颜色温度，简称色温（K_v），用绝对温标单位：开（K）表示。

一些常用光源的色温为，标准烛光为1930K；钨丝灯为2760~2900K；荧光灯为3000K；闪光灯为3800K；中午阳光为5600K；电子闪光灯为6000K；蓝天为12000~18000K。不同色温的光源，其光色也不同，光色的具体使用场合见表3-1。

图3-5　偏黄的显色性效果

图3-6　偏蓝的显色性效果

（a）

（b）

图3-7　点光源照明

图3-8　金属墙面光幕反射

图3-9　玻璃罩光幕反射

表3-1 不同色温适用场合

名称	适用场合
暖色光	暖色光的色温在3300K以下，暖色光与白炽灯相近，红光成分较多，能给人以温暖、健康、舒适的感觉。适用于家庭、住宅、宿舍、宾馆等场所或温度比较低的地方
冷白色光	又叫中性色，它的色温在3300~5300K之间，中性色由于光线柔和，使人有愉快、舒适、安祥的感觉。适用于商店、医院、办公室、饭店、餐厅、候车室等场所
冷色光	又叫日光色，它的色温在5300K以上，光源接近自然光，有明亮的感觉，使人精力集中。适用于办公室、会议室、教室、绘图室、图书馆的阅览室、展览橱窗等场所； 色温超过6000K，光色偏蓝，给人以清冷的感觉。

注：高色温光源，如果亮度不高会有一种阴冷的气氛；低色温光源，如果亮度过高会给人们一种闷热感觉。

对于某些光源（主要是线光谱较强的气体放电光源），它发射的光的颜色和各种温度下的黑体辐射的颜色都不完全相同，这时就不能用一般的色温概念来描述它的颜色。为了便于比较，采用相关色温的概念，若光源发射的光与黑体在某一温度下辐射的光颜色最接近，则黑体的温度就称为该光源的相关色温（CCT）。显然，由于光谱形态不同，相关色温用来表示颜色是比较粗糙的，但对接近白色的光源在一定程度上反映了光源颜色差异。通常节能灯所指的色温即指相关色温的概念。其各种光的色温值见图3-10所示。

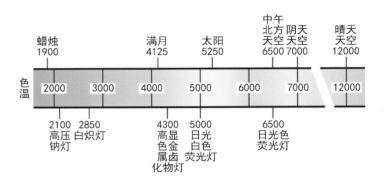

图3-10 各种光的色温值（单位：K）

— 照明提示 —

一旦选择了照明技术，接下来就是选择何种光源的问题了。光源根据照明形状的需要，需要有足够的均匀度，且稳定性能要好。选择光源应该考虑下面的有关光源的特性：通常来讲，光源色温越高，光色越蓝，光谱中含有短波成分越多，光源色温越低，光色越红，光谱中含有长波成分越多。常见光源的颜色种类比较多，其色温值也各有不同（图3-11）。

色温	颜色
2700	炽白色
3000	暖白色
2500	白色
4000	冷白色
5000	日光色
6500	冷日光色

图3-11 常见光源的色温值（单位：K）

4. 光源显色性能的表现

根据国际照明委员会（CIE）出版物《色度学》和我国国家标准GB5698《颜色术语》中的规定，颜色是目视感知的一种属性，可用白、黑、灰、黄、红、绿等颜色名称进行描述。光源色是指光源发射的光的颜色。物体色是光被物体反射或透射后的颜色。表面色是漫反射、不透明物体表面的颜色。

作为照明光源，除要求光效高之外，还要求它发出的光具有良好的颜色。光源的颜色有两方面的意思：色表和显色性。人眼直接观察光源时看到的颜色，称为光源的色表。色坐标、色温等就是描述色表的量。光源的色表，是由光源的光谱能量分布比例决定的。不同的光谱能量分布比例，就有不同的色表。光源的光谱能量分布比例，越是接近太阳光的光谱能量分布比例，光源的色表越好。反之，则差。衡量光源色表的好与差，是以太阳光为标准的。光源表面的颜色，越是接近太阳光的颜色，光源的色表就好；反之，则差。例如，高压钠灯表面黄橙橙的，颜色与太阳光差别较大，色表就差（图3-12）。高压汞灯表面颜色与太阳光差别较小，色表就比高压钠灯好。优质的节能灯光谱能量分布比例，与太阳光的光谱能量分布比例接近。节能灯表面的颜色，接近太阳光的颜色，照明效果明亮、舒适（图3-13）。

而显色性是指光源的光照射到物体上所产生的客观效果。如果各色物体受照后的颜色效果和标准光源照射时一样，则认为该光源的显色性好；反之，如果物体在受照后颜色失真，则该光源的显色性就差。照明光源对物体色表的影响就称之为显色性，通常用一般显色指数Ra表示，Ra在75~100之间为优质显色光源，50~75为中等，50以下为差。白炽灯的显色性很好而低压钠灯的显色性很差。白炽灯能真实地再现物体的颜色，而低压钠灯却像变魔术似的将蓝纸变成黑色。为什么蓝纸在低压钠灯照射下变黑了呢？要弄清这个问题，首先要对日光做一番分析。原来日光是由红、橙、黄、绿、青、蓝、紫等多种颜色按照一定的比例混合而成的。日光照射到某一颜色的物体（指非

透明体）上，物体将其他颜色的光吸收，而将这种颜色的光反射出来。例如，蓝纸在日光照射后，将蓝光反射出来，再将另外的光吸收，因而在人眼里看到的这张纸就是蓝色的。低压钠灯则不然。低压钠灯发出的主要是黄光。当黄光照射到蓝纸上，蓝纸将黄光全部吸收。蓝纸虽然能反射蓝光，但是因为低压钠灯发出的光中基本上没有蓝光，也就不能反射出蓝光来。因此，蓝纸在低压钠灯的照射下就变成黑色的了。白炽灯的光谱能量分布是连续的，各种颜色的光都有，因此一般的彩色都能反映出来，有较好的显色性。

光源是否能正确表现物质本来的颜色需使用显色指数（Ra）来表示，其数值越接近100，显色性最好。一般认为中午的日光显色性是最佳的。如果要鲜明地强调某种特定色彩，可以利用加色的方法来加强显色效果，比如使用低色温光源，能使红色更加鲜艳；使用中等色温光源，则会使蓝色具有清凉感。以下是不同照明灯具的显色性能，参看表3-2。

表3-2　不同灯具显色性能对照表

灯的种类	显色性（Ra）
白炽灯	100
卤钨灯	100
节能灯	85
高压钠灯	42 ~ 52
金卤灯	65 ~ 93
荧光灯	51 ~ 95
高压汞灯	25 ~ 60
低压钠灯	25

图3-12　暖黄光显色性差

图3-13　正白光显色性好

在不同的空间场合，对于光源显色性的要求不同，参看表3-3。

表3-3 不同场合显色性要求对照表

指数（Ra）	等级	显色性	一般应用
90~100	1A	优良	需要色彩精确对比的场所
80~89	1B	优良	需要色彩正确判断的场所
60~79	2	普通	需要中等显色性的场所
40~59	3	普通	对显色性的要求较低，色差较小的场所
20~39	4	较差	对显色性无具体要求的场所

三、光源的分类

光源的类型可以分为自然光源和人工光源。

自然光源主要指日光；人工光源常用的照明灯具是由白炽灯泡、荧光灯、卤钨灯、LED灯等光源以及各样的遮光体组成的。

1. 白炽灯

白炽灯是指由通过电流加热达到白炽状态的物体中发出的光源。

2. 荧光灯

荧光灯是指由放电产生的紫外线辐射所激发的荧光物质发光的放电灯。

3. 卤钨灯

卤钨灯是以一定的比率封入碘、溴等卤族元素或其他化合物的充气灯泡。

4. LED灯

LED（Light Emitting Diode），发光二极管，是一种能够将电能转化为可见光的固态的半导体器件，它可以直接把电转化为光。

四、眩光的控制

眩光是由于视野内亮度对比过强或亮度过高形成的。眩光会使人产生不舒适感或使可见度降低。产生不舒适感的称为不舒适眩光，降低可见度的称为失能眩光。眩光还有直接眩光与反射眩光之分。灯具产生眩光的主要因素是光源的亮度和大小、光源在视野内的位置、观察者的视线方向、光源的外观大小和数量、照度水平和房间表面的反射比等；其中光源和灯具的亮度是最主要的。由灯具、灯泡等高亮度光源直接引起的称为直接眩光；而镜面、光泽金属表面等高反射表面反射亮度造成的称为反射眩光。在功能性照明环境中，要求限制眩光；而装饰性照明，为满足特定的环境要求，形成有魅力的氛围，这时对眩光的限制会降低（图3-14、图3-15）。

图3-14 远处眩光

图3-15 近处眩光

1. 直接眩光的防治

预防直接眩光其实就是限制视野内光源或灯具的亮度。主要通过三种方式来实现。

（1）在满足照明要求的前提下，减小灯具的功率，避免高亮度照明。

（2）避免裸露光源的高亮度照明，可以在室内照明中多采用间接照明的手法。利用材质对光的漫反射和漫透射的特性对光进行重新分配，产生柔和自然的扩散光的效果。例如，在灯泡外罩上一个乳白色的磨砂玻璃灯罩，这样我们就可以得到柔和的漫射光（图3-16、图3-17）。

（3）减小灯光的发光面积。发光面积并不是指灯具或光源的大小，而是指同样的光源，随着光源亮度的增加，光源的发光面积会增大，随之而来的就是愈加强烈的眩光。因此在选择使用高亮度裸露光源进行照明的时候，可以把高亮度、大发光面灯光和发光面分割成细小的部分，那么光束也就相对分散，既不容易产生眩光又可以得到良好的照明表现效果。例如在自然光中，即使是满月的亮度，也在2000cd/m²以上。这种2000cd/m²亮度，近似于一般家庭天花板上安装的水晶玻璃体折射吊灯（图3-18）。同样，蜡烛光也是如此。蜡烛火焰本身的亮度接近10000cd/m²，由于发光面很小，所以，亮度就像夜空中的星星那样，看起来很舒适。为了达到这样的效果，安装1只高瓦数的灯具，不如安装数个低瓦数的灯具，并合理分配灯光的照射方向。那样既能缓和刺眼的眩光，又可以使光辉更加美丽，散发出类似霓虹灯管所发出的光（图3-19）。

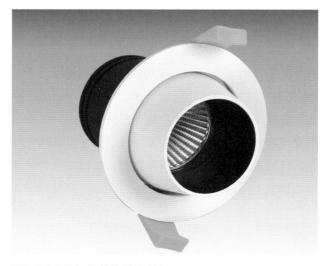

图3-16　带灯罩的防眩光射灯

图3-17　壁灯

图3-18　水晶玻璃体折射吊灯

图3-19　霓虹灯管

2. 反射眩光的防治

由于个人计算机的普及，观看显示器屏幕的机会大大增加，如果在显示器屏幕上映入了照明灯具和窗户影子的话，影像就会模糊不清，久而久之，就会造成视觉功能的降低。因此家居照明设计中需要考虑类似地砖、玻璃、镜面、不锈钢等高反射装饰材料对灯光映入所产生的影响。例如，地面反射的荧光灯会产生二次眩光（图3-20），窗户在电视屏幕上会产生反射眩光（图3-21）等。

光有这样的传播特性，当光射到一个物体表面时，因为材料表面的反射系数不同，会被完全或部分反射。而根据物体表面的质感不同，对光也会产生不同的反射现象。当光线照射到光亮平滑的表面时，光线的反射角等于入射角，称为镜面反射。

镜面反射特性：入射角 = 反射角（图3-22）

镜面反射容易引起特别刺眼的反射眩光。对于这类眩光的防治主要考虑人的视看位置、光源所在位置、反射材料所在位置三者之间的角度关系。此外，还应该在对材料的选用时，适当考虑反射材质的选择。当然，反射眩光不一定是有害的，我们也可以在表现水晶的质感时对此类眩光加以利用，形成晶莹耀眼的照明效果。

3. 灯具的选用和布置

减少直接眩光，除了需要避免高亮度照明，还应该对灯具的位置和选型加以考虑。在正常视看范围内，不同的光源位置所引起眩光感的强弱也有不同。45°～85°方向内的光线是引起直接眩光的主要原因。所以控制直接眩光主要就是控制此方向内光线的强度，也就是限制灯具45°＜γ＜85°范围内的亮度。

眩光的强弱与视线关系灯具的布置有关，所以我们在为有可能产生直接眩光区域内的灯具选型布置时，需考虑采用一些带有遮光附件的灯具，从而达到增大灯具截光角，达到减少眩光的目的。例如，格栅、遮光板、遮光罩等。格栅主要是将光源和反射器的可见度降低。遮光板可以根据具体的环境状况现场调整投光角度，较好地控制灯具侧面和前方出射的光线，适用于大多数宽光束和中等光束的泛光灯具。遮光罩可以将沿四边出射的光线截断，有效遮蔽各方向

图3-20　地面反射光

图3-21　电视屏幕反射光

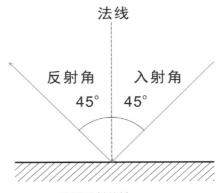

图3-22　镜面反射特性

的光照。这种方式很好地控制了光源的可见性，使灯具的照射范围具有较强的方向性，适用于窄光束的聚射灯具（图3-23、图3-24）。

图3-23 遮光罩灯具

图3-24 带灯罩的壁灯

4. 设计合理的环境亮度比

在眼睛适应了较亮的光照条件下，即使是高亮度的光源，眩光也变得不那么明显了。这是因为眼睛适应的亮度受视野内所有区域的影响，背景亮度不同，所产生对比的强弱的不同，会产生视错觉。在现实中最直观的例子就是晚上我们眼睛不能直视的汽车大灯，在白天看的时候，就不会觉得有任何刺眼的感觉。这是因为白天的环境亮度增加，环境亮度比降低，人眼适应了高亮度环境的原因。也就是说，设计时单个的光源亮度值是不重要的，关键是空间的光的分布以及和环境的对比的关系。我们经常在家居设计中可以看到这样的不合理案例，如高亮度的窗户让人在看电视时产生视看困难。

所以在照明设计中应该尽量避免同一空间内过大的环境亮度比，通过改变环境亮度比，来满足照明设计的不同目的。一般来说，任务或目标比环境略为明亮，如2∶1～3∶1是比较适宜的环境亮度差。10∶1的亮度比，能让视觉中心清晰可见并与相邻表面之间产生强烈的过渡。20∶1的亮度比，会让人感觉到不太舒服。40∶1以上的亮度比，除了要体现类似水晶装饰灯璀璨的质感以外，在一般室内照明设计中不允许出现（图3-25、图3-26）。

图3-25 家居卧室合理光照

图3-26 商业店面合理光照

第二节　灯具

灯具，是指能透光、分配和改变光源光分布的器具，包括除光源外所有固定和保护光源所需的全部零部件，以及与电源连接所必需的线路附件，一般指由光源、灯罩、附件、装饰件、灯头、电源线等部件装配组合而成的照明器具。灯具主导光源光线的投射方式，同时保护光源，提高照明效率。灯具的分类方式非常多，有的根据光源性能来分，有的根据光照方式来分，而有的根据使用需求，分为装饰灯具和功能灯具，每种划分方式都有各自的依据。

一、灯具按照光通量分布情况分类

按照国际通用规则，灯具可按照光通量的上、下分布情况，将灯具分为直接型、半直接型、均匀扩散型、半间接型、间接型。

1. 直接型灯具

线形的反射罩，能将光线集中在轴线附近的狭小范围内，因而在轴线方向具有很高的发光强度。广阔配光的直接型灯具，适用于广场和道路照明。室内空间中常用在顶棚上的内置灯具也属于直接型灯具。直接型灯具由于主向性强，易形成较严重的对比眩光和浓重的阴影，需要合理安排灯具的位置（图3-27）。

2. 半直接型灯具

半直接型灯具，可使部分光射向顶棚，改善了房间光照的分布。一般利用用半透明材料作灯罩或在不透明灯罩上部开透光缝，这样，就能减小灯具与顶棚亮度间的强烈对比（图3-28）。

3. 扩散型灯具

此类灯具的灯罩，多用扩散透光材料制成，整个灯具光通亮上下变化不大，因而使得室内得到优良的亮度分布。最典型的扩散型灯具是乳白球形灯。现在，扩散型灯具的式样繁多，选择范围广泛（图3-29）。

4. 半间接型灯具

半间接型灯具的上半部是透明的（或敞开），下半部是扩散透光材料。上半部的光通量占总光通量的60％以上，使房间的光线更均匀、柔和。但这种灯具在使用过程中，透明部分很容易积尘，而降低使用效率。因此，现在这一类型灯具使用场合有限（图3-30）。

5. 间接型灯具

间接型灯具是用不透光材料做成，几乎全部光线都射向上部。光线经顶棚反射到工作面，柔和而均匀，并完全避免了灯具的眩光作用。但因有用的光线全部来自反射光，光利用率很低，故一般用于照度要求不高，全室均匀照明、光线柔和的环境（图3-31）。

图3-27　直接型灯具

图3-28　半直接型灯具

图3-29 扩散型灯具

图3-30 半间接型灯具

图3-31 间接型灯具

- 照明提示 -

在选择灯具时要尽量选择不含重金属的灯，如汞、镉、铅等，此类重金属不易被微生物降解且具有明显毒性，对环境造成的影响很大，尤其是有些节能灯中含有汞蒸气，灯泡的破碎会导致汞蒸气散发，选择时应该注意。一般在产品的说明书最后会给出重金属的指标来告诉消费者该产品中含有哪些重金属。

二、灯具按照光源属性分类

人工光源中，最为常用也最重要的为电光源。按其工作原理一般可以分为两大类：一是固体发光光源，如白炽灯、半导体发光器（LED）等；二是气体放电光源，主要种类有荧光灯、高压汞灯、高压钠灯、金属卤化物灯，如霓虹灯等。其中，半导体发光器（LED）光源因其低功耗、省电（比霓虹灯节省80％以上）、稳定性高、使用寿命长，在许多地方已经取代以前利用惰性气体放电的霓虹灯，成为装点城市夜景的重要工具。另外还有第三代光源即利用荧光粉发光的灯具如荧光灯；第四代光源即利用固态芯片发光的灯具如LED。

1. 白炽灯

白炽灯又称电灯泡（图3-32），主要由玻壳、灯丝、导线、感柱、灯头等组成。是一种透过通电，利用电阻把细丝线（现代通常为钨丝）加热至白炽，用来发光的灯。白炽灯外围由玻璃制造，把灯丝保持在真空或低压惰性气体下，作用是防止灯丝在高温的作用下氧化。

白炽灯优点是光源小、便宜。具有种类极多的灯罩形式，并配有轻便灯架、顶棚和墙上的安装用具和隐蔽装置。通用性大，彩色品种多。具有定向、散射、漫射等多种形式。光色和集光性能很好。白炽灯缺点是使用寿命短，发光效率低。

图3-32 白炽灯泡

2. 钠灯

钠灯是利用钠蒸气放电产生可见光的电光源（图3-33）。钠灯又分为低压钠灯和高压钠灯。低压钠灯的工作蒸气压不超过几个帕。低压钠灯的放电辐射集中在589.0nm和589.6nm的两条双D谱线上，它们非常接近人眼视觉曲线的最高值（555nm），故其发光效率极高。高压钠灯的工作蒸气压大于0.01MPa。高压钠灯是针对低压钠灯单色性太强，显色性很差，放电管过长等缺点而研制的。钠灯同其他气体放电灯泡一样，工作时是弧光放电状态（图3-33）。

图3-33　高压钠灯

3. 荧光灯

分为传统型荧光灯和无极荧光灯（图3-34），传统型荧光灯即低压汞灯，是利用低气压的汞蒸气在通电后释放紫外线，从而使荧光粉发出可见光的原理发光，因此它属于低气压弧光放电光源。无极荧光灯即无极灯，它取消了对传统荧光灯的灯丝和电极，利用电磁耦合的原理，使汞原子从原始状态激发成激发态，其发光原理和传统荧光灯相似，有寿命长、光效高、显色性好等优点。荧光灯优点是发光效率高，使用寿命长，光线柔和、光色宜人，能产生良好的心理效应，能装饰家庭。

图3-34　荧光灯

4. LED

即发光二极管（图3-35），是一种半导体固体发光器件，它是利用固体半导体芯片作为发光材料，当两端加上正向电压，半导体中的载流子发生复合引起光子发射而产生光。LED可以直接发出红、黄、蓝、绿、青、橙、紫、白色等可见光。第一个商用二极管产生于1960年，它的基本结构是一块电致发光的半导体材料，置于一个有引线的架子上，然后四周用环氧树脂密封，起到保护内部芯线的作用，所以LED的抗振性能好（图3-36）。

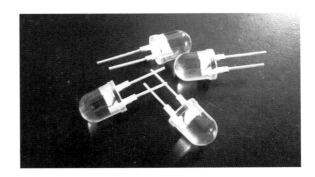

图3-35　LED发光二极管

（1）LED光源发光效率高。白炽灯光效在10~15lm/W，卤钨灯光效为12~24lm/W，荧光灯为50~90lm/W，钠灯为90~140lm/W，大部分的耗电变成热量损耗。LED光效可发到50~200lm/W，而且发光的单色性好，光谱窄，无需过滤，可直接发出有色可见光。

（2）LED光源耗电量少。LED单管功率为

图3-36　LED软灯带

0.03～0.06W，采用直流驱动，单管驱动电压是1.5～3.5V。电流在15~18mA之内，反应速度快，可在高频操作。用在同样照明效果的情况下，耗电量是白炽灯的0.1%，荧光管的50%。

（3）LED光源使用寿命长。白炽灯、荧光灯、卤钨灯是采用热辐射发光，灯丝发光易热，有热沉积、光衰减等特点，而采用LED灯体积小，重量轻，环氧树脂封装，可承受高强机械冲击和振动，不易破碎，平均寿命达3万~5万小时，LED灯具使用寿命可达3~5年，可以大大降低灯具的维护费用，避免经常换灯之苦。

（4）安全可靠性强。发热量低、无热辐射性、冷光源、可以安全触摸，能精确控制光型及发光角度、光色，无眩光、不含汞、钠等可能危害人类健康的元素。

（5）LED光源有利环保。LED为全固体发光体，耐冲击不易破碎，废弃物可回收，没有污染，能够大量减少二氧化硫及氮化物等有害气体以及二氧化碳等温室气体的产生，大大地改善了人们生活居住环境，可称为"绿色照明光源"。

（6）LED光源更节能。节能是我们考虑使用LED的最主要原因，也许LED要比传统光源略贵，但是用一年时间的节能就能够收回光源的投资，从而获得4~9年中每年几倍的节能净收益（图3-37、图3-38）。

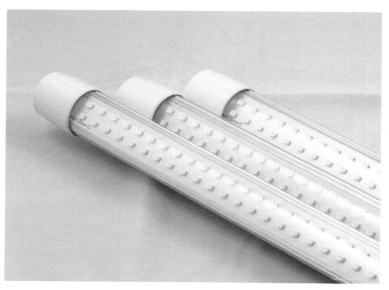

图3-37　LED灯管

图3-38　LED吸顶灯

- 照明提示 -

　　生产白光LED技术目前有三种：第一种是利用三基色原理和已经能生产的红、绿、蓝三种超高亮度LED按光强3：1：6比例混合而成白色；第二种是利用超高度InGan蓝色LED，再加上少许荧光粉进行混合，它能在蓝光激发下产生黄绿光，而黄绿光又可与透出的蓝光合成白光；第三种是利用不可制的紫外光LED，采用紫外光激三基色荧光粉或其他荧光粉，产生多色混合而成的白光。

三、灯具按照形态布置分类

　　在室内环境中，常按灯具的形态和布置方式进行分类，具体如下所述。

1. 吊灯

　　将灯具进行艺术处理，使之具有各种样式，满足人们对美的要求，最常见的是吊灯。选择吊灯时，应注意不同层高的房间的差别。高度较大的厅堂适合吊灯，若房间较矮，常采用吸顶灯或暗灯。

吊灯是吊装在室内天花板上的高级装饰用照明灯，所有垂吊下来的灯具都归入吊灯类别。吊灯的花样最多，常用的有欧式烛台吊灯、中式吊灯、水晶吊灯、羊皮纸吊灯、时尚吊灯、锥形罩花灯、尖扁罩花灯、束腰罩花灯、五叉圆球吊灯、玉兰罩花灯、橄榄吊灯等，吊灯适合于客厅、卧室、餐厅、走廊、酒店等大堂。一般较美丽的吊灯通常都有较复杂的造型和灯罩，如果潮湿多尘，灯具则容易生锈、掉漆，灯罩则因蒙尘而日渐昏暗，不去处理的话，吊灯明亮度平均一年会降低约20%，不出几年，吊灯会昏暗无光彩（图3-39）。

吊灯分为用于居室的分单头吊灯和多头吊灯两种，前者多用于卧室、餐厅，后者宜装在客厅里。吊灯的安装高度，其最低点应离地面不小于2.2m。

欧洲古典风格的吊灯，灵感来自古时人们的烛台照明方式，那时人们都是在悬挂的铁艺上放置数根蜡烛。如今很多吊灯设计成这种款式，只不过将蜡烛改成了灯泡，但灯泡和灯座还是蜡烛和烛台的样子。市场上的欧洲古典风格水晶灯大多由仿制的水晶制成，但仿水晶所使用的材质不同，质量优良的水晶灯是由高科技材料制成，而一些以次充好的水晶灯大多以塑料充当仿水晶的材料，光影效果自然很差。

大的吊灯安装于结构层上，如楼板、屋架下弦和梁上，小的吊灯常安装在隔栅上或补墙隔栅上，无论单个吊灯或组合吊灯，都由灯具厂一次配套生产，所不同的是，单个吊灯可直接安装，组合吊灯要在组合后安装或安装时组合。对于大面积和条带形照明，多采用吊杆悬吊灯箱和灯架的形式。

由于吊灯装饰华丽，比较引人注目，因此吊灯的风格直接影响整个客厅的风格。带金属装饰件、玻璃装饰件的欧陆风情吊灯富丽堂皇，木制的中国宫灯与日本和式灯具富有民族气息，以不同颜色玻璃罩合成的吊灯美观大方，珠帘灯具给人以兴奋、耀眼、华丽的感觉，而以飘柔的布、绸制成灯罩的吊灯则给人一种清丽怡人柔和和温馨的感觉。下面介绍几种如何选择客厅装饰灯具的方法。

（1）从装饰灯具的外形和档次考虑。在选购客

图3-39　吊灯及立灯的综合运用

厅装饰灯具的外形和档次时除了要考虑到和客厅氛围相和谐，还要争取雅致，力求奢华。客厅是家庭的门面，其装饰灯具太普通可能展现不出装饰情调并稍微显得有些寒酸，太豪华则可能让来访的人有过多的心理压力，放不开手脚。选购客厅装饰灯具时要考虑到客厅主体照明不仅不能太暗，也不可以刺眼眩目，当客厅人少的时候，可关掉主体照明灯，另外开启一盏壁灯。

（2）从局部照明考虑。客厅装饰灯具除了吊灯之外还可以用落地灯、壁灯等，其使用和点缀的效果都能达到相应的要求。看电视与休闲阅读一般选购落地灯比较适合，从局部照明的角度来考虑，看电视和阅读的时候最好关掉顶灯，打开落地灯不仅不会刺眼，而且还能让环境更加宁静和雅致。

（3）从总体照明考虑。从总体照明方面考虑选购客厅装饰灯具可使用顶灯，通常可在房屋的中间装一盏单头或多头的吊灯当作主体灯，客厅装饰灯具能营造稳重大方、温暖热烈的气氛，让客人有回到自己家的亲切感（图3-40、图3-41）。

图3-40　餐厅吊灯

图3-41　客厅吊灯

- 照明提示 -

1. 若习惯在客厅活动者，客厅空间的立灯、台灯就以装饰为主，功能性为辅作设计。立灯、台灯是搭配各个空间的辅助光源，为了便于与空间协调搭配，造型太奇特的灯具不适宜。

2. 如果房间较高，宜用三叉至五叉的白炽吊灯，或一个较大的圆形吊灯，这样可使客厅显得富丽堂皇。但不宜用全部向下配光的吊灯，而应使上部空间也有一定的亮度，以缩小上下空间亮度差别。

3. 如果房间较低，可用吸顶灯加落地灯，这样，客厅便显得明快大方，具有文明感，落地灯配在沙发旁边，沙发侧面茶几上再配上装饰性工艺台灯，或附近墙上安置较低壁灯，这样，不仅看书时有局部照明，而且在会客交谈时还增添了亲切和谐的气氛。

2. 台灯

台灯一般有两种，工艺用台灯和书写用台灯，前者装饰性较强，后者功能性较强。在选择台灯时应注意区别，充分考虑台灯的使用目的。台灯罩多用纱、绢、羊皮纸、胶片、塑料薄膜和宣纸等材料来制作。总的来说，台灯的使用要求不产生眩光，灯罩不宜用深色材料制作，放置要稳定安全，开关方便，可以任意调节明暗（图3-42、图3-43）。

图3-42　茶几台灯

图3-43　床头台灯

台灯主要放置在写字台或餐桌上，以供照明之用。台灯的光亮照射范围相对比较小和集中，因而不会影响到整个房间的光线，作用局限在台灯周围，便于阅读、学习，节省能源。一般台灯用的灯泡是白炽灯、节能灯泡，以及市面上流行的护眼台灯，部分台灯还有"应急功能"即自带电源，用于停电时照明应急（图3-44）。

阅读台灯灯体外形简洁轻便，一般专门用来看书写字，这种台灯一般可以调整灯杆的高度、光照的方向和亮度，主要是照明阅读功能。装饰台灯外观豪华，材质与款式多样，灯体结构复杂，用于点缀空间效果，装饰功能与照明功能同等重要。在现代空间设计中，台灯已经远远超越了台灯本身的价值，台灯已经变成了一个不可多得的艺术品，在轻装修重装饰的理念下，台灯的装饰功能也就更加明显。台灯除了阅读、装饰外，最新出品的高科技台灯还像机器人一样会动，会跳舞，能够自动调光、播放音乐，并具有时钟、视频、触摸等功能（图3-45）。

灯饰在生活中扮演着不一般的角色。黑夜里，灯光是精灵，是温馨气氛的营造能手。透过光影层次，让空间更富生命力；白天，灯具化为居室的装饰艺术，它和家具、布艺、装饰品一起点缀着生活的美丽，灯具在居室空间中扮演着举足轻重的角色。下面列举几种不同台灯的优缺点。

（1）铁艺台灯　优点：时尚、现代、造型多样，适合装修百搭，价格低廉。缺点：容易生锈。

（2）水晶台灯　优点：适合豪华装修、漂亮、有档次、外形尺寸大，厚重豪华。缺点：易碎，价格高。

（3）木艺台灯　优点：古典、造型简单，适合中式装修，价格适中。缺点：易损坏。

（4）亚克力台灯　优点：体积小、价格低，方便携带。缺点：不上档次。

（5）树脂台灯　优点：适合欧式风格装修，灯体结构复杂，款式高贵优雅。缺点：时间久容易褪色，价格高。

（6）玉石台灯　优点：玲珑剔透，收藏价值高。缺点：价格高，易碎。

（7）陶瓷台灯　优点：艺术感强，具有浓厚的古典气息，款式多样，观赏性强，经久耐用，价格适中。缺点：易碎。

3. 立灯

立灯又被称为落地灯，主要用于起居室或客厅、书房，作为阅读书报或书写时的局部照明。立灯也用在工业作业上。立灯一般多靠墙放置，或放在沙发侧后方500～750mm处。立灯在结构上要安全稳定，不怕轻微的碰撞，电线要稍长些，以便适应临时改变位置的需要。此外，还要求能根据需要随意调节灯具的高度、方位和投光角度。

落地灯的罩子，要求简洁大方、装饰性强。筒式罩子较为流行，华灯形、灯笼形也较多用。落地灯的支架多以金属或是利用自然形态的材料制成。支架和底座的制作和选择一定要与灯罩搭配好，不能有"小人戴大帽"或者"细高个子戴小帽"的比例失调之感（图3-46）。

图3-44　茶几台灯

图3-45　床头台灯

（a） （b） （c）

（d） （e）

图3-46 立灯

墙角灯，也属于落地灯，它像一只加大尺寸的台灯，只不过是增加了一个高底座。从功能上看墙角灯与落地灯相同，从造型上看，墙角灯似乎更稳重典雅，它常常以瓶式、圆柱式的座身，配以伞形或筒形罩子，用于沙发或家具转角处，十分美观。

配有沙发的客厅，在沙发后面可装饰一盏落地灯。既保证自己读书的需要，还不会影响家人看电视。落地灯高度一般为1200~1300mm，可以调节高度或灯罩角度者最佳。灯具的造型与色彩要与客厅的家具摆设相协调。如果需要，也可以将落地灯的光线往上打，用作背景照明，调整灯的高度能改变光圈的直径，从而控制光线的强弱，营造一种朦胧的美感。

4. 吸顶灯与暗灯

紧贴在顶棚上的灯具称为吸顶灯，顾名思义是由于灯具上方较平，安装时底部完全贴在屋顶上所以称为吸顶灯。光源有普通灯泡、荧光灯、高强度气体放电灯、卤钨灯、LED等。目前市场上最流行的吸顶灯就是LED 吸顶灯，即家庭、办公室、文娱场所等各种场所经常选用的灯具（图3-47）。

放在顶棚里的灯具称为暗灯。在顶棚上作一些线脚和装饰处理，与灯具相互合作，可形成装饰性很强的照明环境。灯和建筑物天棚的装修相互结合，可形成和谐美观的统一体。由于暗灯的开口位于天棚里，所以天棚较暗。而吸顶灯突出于天棚，有部分光射向天棚，就增加了天棚的亮度，降低灯与天棚的亮度差，两者综合运用有利于调整房间的亮度比（图3-48、图3-49）。

不同光源的灯具适用的场所各有不同，如使用普通白炽灯泡、荧光灯的吸顶灯主要用于居家、教室、办公楼等空间层高为4m左右场所的照明；功率和光源体积较大的高强度气体放电灯主要用于体育场馆、大卖场及厂房等层高在4～9m等场所的照明。为了既能为工作面取得足够的高度，同时又能省电，荧光吸顶灯通常是家居、学校、商店和办公室照明的首选。

（a）

（b）

图3-47　吸顶灯

图3-48　家具暗灯

图3-49　吊顶暗灯

5. 壁灯

壁灯是安装在墙上的灯，用来提高部分墙面亮度，主要以本身的亮度和灯具附近表面的亮度，在墙上形成亮斑，以打破大片墙的单调气氛。壁灯对室内照度的增加不起太大作用，故常用在一大片平坦的墙面上或镜子的两侧。壁灯的种类和样式较多，一般常见的有墙壁灯、变色壁灯、床头壁灯、镜前壁灯等。

墙壁灯多装于阳台、楼梯、走廊过道以及卧室，适宜作长明灯；变色壁灯多用于节日、喜庆之时采用；床头壁灯大多数都是装在床头的左上方，灯头可万向转动，光束集中，便于阅读；镜前壁灯多装饰在盥洗间镜子附近使用。壁灯安装高度应略超过视平线（1.8m高左右）。壁灯的照明度不宜过大，这样更富有艺术感染力，壁灯灯罩的选择应根据墙色而定，白色或奶黄色的墙，宜用浅绿、淡蓝的灯罩，湖绿或淡天蓝色的墙面，宜用乳白色、淡黄色或茶色的灯罩。像这样在大面积一色的底色墙布上点缀一盏显目的壁灯，会给人一种幽雅清新之感，使人放松，心情愉悦。

连接壁灯的电线要选用浅色，便于涂上与墙色一致的涂料以保持墙面的整洁。另外，可先在墙上挖一条正好嵌入电线的小槽，把电线嵌入，用石灰填平，再涂上与墙色相同的涂料。

（1）客厅壁灯　客厅如果空间较高，宜用三叉至五叉的白炽吊灯，或一个较大的圆形吊灯，这样可使客厅显得富丽堂皇。如果客厅空间较低，可用吸顶灯加落地灯，这样，客厅便显得明快大方，具有时代感。落地灯配在沙发旁边，沙发侧面茶几上再配上装饰性工艺台灯，如果在附近墙上再安置一盏较低的壁灯，这样效果就更好了。不仅看书、读报时有局部照明，而且在会客交谈时还增添了亲切和谐的气氛。电视机后部墙上也可装盏小型壁灯，光线柔和保护视力（图3-50）。

（2）卧室壁灯　卧室光线以柔和、暖色调为主。可用壁灯、落地灯来代替室内中央的顶灯，壁灯宜用表面亮度低的漫射材料灯罩，假若在床头上方的墙壁上装一盏茶色刻花玻璃壁灯，整个卧室立刻就会充满古朴、典雅、深沉的韵味。床头柜上可用子母台灯，如果是双人床，还可在床的两侧各安一盏配上调光开关的灯具，以便其中一人看书报时另一人不受光的干扰（图3-51）。

（3）餐厅壁灯　餐厅宜用外表光洁的玻璃、塑料或金属材料的灯罩，以便随时擦洗，而不宜用丝、纱类织物灯罩或造型繁杂、有吊坠物的灯罩。光源宜采用黄色荧光灯或白炽灯，灯光以热烈的暖色为主。如果在附近墙上适当配置带暖色色彩的壁灯，则会使宴请客人时气氛更热烈，并能增进食欲（图3-52）。

（4）盥洗间壁灯　浴室是一个使人身心放松的地方，因此要用明亮柔和的光线均匀地照亮整个浴室。面积较小的浴室，只需安装一盏天花灯就足够了；面积较大的浴室，可以采用发光天棚漫射照明或采用顶灯加壁灯的照明方式。盥洗间宜用壁灯代替顶

图3-50　客厅壁灯运用

图3-51　卧室壁灯运用

图3-52 餐厅壁灯运用

图3-53 盥洗间壁灯运用

灯，这样可避免水蒸气凝结在灯具上影响照明和腐蚀灯具。用壁灯作浴缸照明，光线融入浴池，散发出温馨气息，令身心格外放松。但要注意，此壁灯应具备防潮性能（图3-53）。

现代的照明已不再仅仅局限于过去的"一室一灯"，如何把用于泛光照明的吊灯、吸顶灯以及用于局部照明和特殊照明的壁灯、台灯、落地灯等合理地搭配起来，营造出不同情调的舒适宜人的光照空间，已经成为现代生活的重要要求。而壁灯，在其中扮演着越来越重要的角色。

6. 筒灯

筒灯一般是在一个灯头上直接安装发光灯泡的灯具。筒灯是一种嵌入到天花板内光线下射式的照明灯具。它的最大特点就是能保持建筑装饰的整体统一与完美，不会因为灯具的设置而破坏吊顶艺术的完美统一。这种嵌装于天花板内部的隐置型灯具，所有光线都向下投射，属于直接配光。可以用不同的反射器、镜片、百叶窗、灯泡，来取得不同的光线效果。

筒灯不占据空间，可以增加空间的柔和气氛，如果想营造温馨的感觉，可试着装设多盏筒灯，减轻空间压迫感。一般在酒店、家庭、咖啡厅使用较多。筒灯一般有大（5in）、中（4in）、小（2.5in）三种，又分为暗装筒灯与明装筒灯（图3-54、图3-55）。

图3-54 暗装筒灯

图3-55 明装筒灯

图3-56 酒店空间筒灯运用

图3-57 办公空间筒灯运用

　　筒灯适用场所：大型办公室、会议室、百货商场及专卖店、实验室、机场及其一些民用居室（图3-56、图3-57）。用筒灯来做灯具，安装容易，不占用地方，大方、耐用，通常用5年以上是没有问题的，款式不容易变化，价格也便宜。筒灯的优势和特色很明显，具有以下几点：

　　（1）紧凑而光通量高。筒灯的消耗电力是白炽灯的1/3，寿命却是白炽灯的6倍，尺寸保持了紧凑设计，抑制了灯具的存在感，创造出了明亮的空间。

　　（2）有镜面和磨砂的两种反射板，即带来闪烁感的镜面反射板和以适度的灰度来调和天花板的磨砂型反射板。

　　（3）采用滑动固定卡，施工方便。筒灯可以安装在3～25mm的不同厚度的天花板上，维修时方便灯具拆卸。

- 照明提示 -

　　筒灯选择与安装时要注意以下几点：

　　1. 打开筒灯包装后应立即检查产品是否完好。出现非人为或者说明书规定要求内所造成的故障，可退零售商或直接退厂家更换。

　　2. 安装前切断电源，确保开关处于闭合状态，防止触电，灯饰点亮后，手勿触摸灯表面。此灯应避免安装在热源处及热蒸汽、腐蚀性气体的场所，以免影响寿命。

　　3. 使用前根据安装数量确认好适用电源。

　　4. 安装于无振动，无摇摆，无火灾隐患的平坦地方，注意避免高空跌落，硬物碰撞、敲击。

　　5. 如长期停用，筒灯应存放在阴凉、干燥、洁净的环境中，禁止在潮湿，高温或易燃易爆场所中存放和使用。

7. 射灯

射灯是一种小型聚光灯，常常用于突出展品、商品或陈设装饰品，射灯的尺寸一般都比较小巧，颜色丰富，在结构上，射灯都有活动接头，以便随意调节灯具的方位与投光角度。因为造型玲珑小巧，非常具有装饰性。一般多以各种组合形式置于装饰性较强的地方，从细节中体现情趣。因其属装饰性灯具，在选择时应着重在外形和所产生的光影效果上（图3-58、图3-59）。

射灯可安置在吊顶四周或家具上部、墙内、墙裙或踢脚线里。光线直接照射在需要强调的家什器物上，以突出主观审美作用，达到重点突出、环境独特、层次丰富、气氛浓郁、缤纷多彩的艺术效果。射灯光线柔和，雍容华贵，既可对整体照明起主导作用，又可局部采光，烘托气氛（图3-60、图3-61）。此外，现代LED射灯的特点优势很明显（表3-4）。

图3-58　吊挂射灯

图3-59　轨道射灯

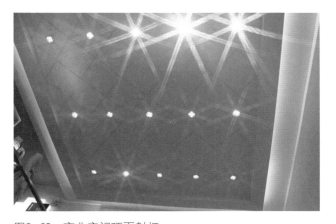

图3-60　商业空间顶面射灯

图3-61　舞台射灯

表3-4　LED射灯的特点优势

特点	优势
节能	同等功率的LED灯耗电仅为白炽灯的10%，比日光灯还要节能
寿命长	LED灯珠可以工作5万小时，比日光灯和白炽灯都长
可调光	以前的调光器一直是针对白炽灯的，白炽灯调暗时光线发红，很难见到日光灯调光器，这是调光技术很多年没有发展的主要原因。现在LED又可以调光了，并且无论是亮光还是暗光都是同样的颜色（色温基本不变），这一点明显优于白炽灯的调光
可频繁开关	LED的寿命是按点亮时算的，即便每秒钟开关数千次也不影响LED寿命，在需要频繁开关的场合，LED灯有绝对优势
颜色丰富	有正白光、暖白光、红、绿、蓝等各种颜色，无论是客厅里大灯旁用于点缀的小彩灯还是霓虹灯，都很鲜艳
发热量低	12V卤素射灯发热量虽低于220V的射灯，但又有因所配变压器功率不足等原因，其亮度达不到标准值。用LED射灯，不用变压器也可以长时间工作

常用的射灯可分为以下几类。

（1）下照射灯　下照射灯可装于顶棚、床头上方、橱柜内，还可以吊挂、落地、悬空，分为全藏式和半藏式两种类型。下照射灯的特点是光源自上而下做局部照射和自由散射，光源被合拢在灯罩内，其造型有管式、套筒式、花盆式、凹形槽式及下照壁灯式等，可分别装于门廊、客厅、卧室等（图3-62）。

（2）轨道射灯　大都用金属喷涂或陶瓷材料制作，有纯白、米色、浅灰、金色、银色、黑色等色调；外形有长形、圆形，规格尺寸大小不一。射灯所投射的光束，可集中于一幅画、一座雕塑、一盆花、一件精品摆设等，也可以照在居室主人坐的转椅后背，创造出丰富多彩、神韵奇异的光影效果。可用于客厅、门廊或卧室、书房。可以设一盏或多盏，射灯外形与色调，尽可能与居室整体设计协调统一。路轨装于顶棚下15~30cm处，也可装于顶棚一角靠墙处（图3-63）。

（3）冷光射灯　冷光射灯不会对所照物品产生热辐射，确保商品不受热伤害。灯具配光投射角精准，不会产生光污染。光效高，节能省电。寿命长，无频闪，使人的眼睛不会产生疲劳。显色性好，能展现出商品的细致工艺与真实色彩（图3-64）。

从远处的外观来上来看，筒灯和射灯很相似，但是两者有本质上的区别（表3-5）。

图3-62　下照射灯

图3-63　轨道射灯

图3-64　冷光射灯

表3-5　筒灯和射灯的区别对比

对比项目	筒灯	射灯
光源	传统筒灯一般装白炽灯泡，也可以装节能灯。光源方向是不能调节的。光源相对于射灯要柔和	传统射灯用的是石英灯泡或灯珠，大型的射灯会用钠灯泡。射灯的光源方向可自由调节，光源集中
应用位置	暗装筒灯安装在天花板内，一般吊顶需要在150mm以上才可以装。明装筒灯在无顶灯或吊灯的区域	可以分为轨道式、点挂式和内嵌式等多种。内嵌式的射灯可以装在天花板内。射灯主要用于需要强调或表现的地方，如电视墙、挂画、饰品等，可以增强效果
价格	较便宜	贵
安装位置	嵌入到天花板内光线向下照射式的照明灯具。筒灯不占据空间，可增加空间的柔和气氛	主要是安装在吊顶四周或家具上部，或者置于墙内、墙裙或踢脚线里，用来突出层次感、制造气氛

8. 发光顶棚

发光顶棚是为获得稳定的照明条件，模仿天然采光的效果而设计的。在玻璃吊顶至天窗间的夹层里装灯，便构成了发光顶棚。其构造方法有两种：一是把灯具直接安装在平整的楼板下表面，再用钢框架做成吊天棚的骨架，铺上某种扩散透光材料；二是使用反光罩，使光线更集中地投到发光天棚的透光面上（图3-65）。

9. 正确挑选灯具

（1）检查光源质量。任何灯具最重要的是光源，因为它才是真正能带来照明效果的部分，打开开关，优质光源应当启动迅速，没有延迟（图3-66）。

（2）检查电器质量。看灯具里面的光源和电器是否带有CCC认证标志，电线的卡扣是否牢固，布线是否整齐，要求不杂乱、不缠绕，灯具上的不同构件的接触不能有挤压，电线与灯具之间不能有摩擦（图3-67～图3-69）。

（3）查看灯具带电体是否外露，光源装入灯座后，手指不能触及带电的金属灯头（图3-70）。

（4）查看面罩材质。不同的灯用的面罩材料也不一样，最常见的有亚克力面罩、塑料面罩和玻璃面罩。亚克力是塑料的一种，特点是柔软、轻便、透光性好、不易被染色、不会与光和热发生化学反应而变黄。挑选时可先用手压面罩，看柔软度怎么样，有柔性的比较好。

（5）参数标识。观察灯具上有无明显使用说明文字，对最基本的功率参数要有标识（图3-71）。

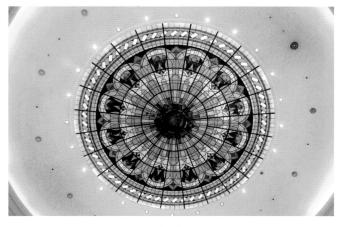

（a）

（b）

（c）

（d）

图3-65　发光顶棚

图3-66　打开开关

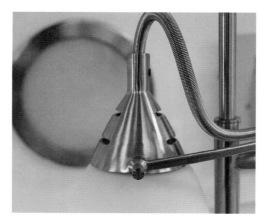

图3-67　查看金属件与玻璃件之间的接触

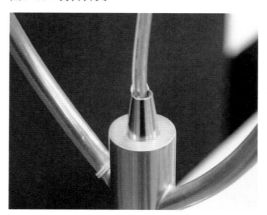

图3-68　电线与金属件之间的接触

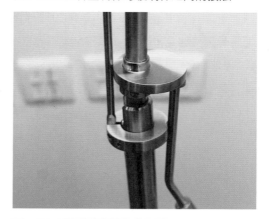

图3-69　可活动件的紧密程度

图3-70　电线的保护程度

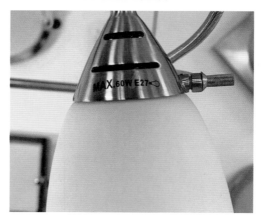

图3-71　标识的最大功率参数

课后作业

作业要求：灯具市场调查。

作业数量：1000字左右市场调查报告。

建议课时：8课时

4

第四章

照明设计基础

◀ 章节导读

照明是人们对外界视觉感受的前提，室内照明分为天然采光和人工照明两大类。天然采光是通过窗口获取室外光线。人工照明是指使用器具确保室内的明度，两者往往相结合（图4-1）。人工照明又分为明视照明和装饰照明。在设计照明中，装饰照明表现一定的装饰内容、空间格调和文化内涵。学习室内照明设计，必须掌握一些点光源、灯具、照明方式、照度标准、照明质量等相关的知识。

图4-1　办公空间天然采光与人工照明结合

第一节　光与人的关系

人通过视觉、听觉、嗅觉、味觉、触觉等感觉来获取外部信息，了解周围世界。据报道，人类有90%的信息是通过视觉渠道取得。视觉是光作用于视觉器官，使其感受细胞兴奋，其信息经视觉神经系统加工后的产物。视觉不是瞬间即逝的，其过程和特性都比较复杂，至今还存在我们未知的一些领域，而视觉体验的过程是由大脑和眼睛密切合作而形成的。

人的视觉系统类似于图像识别系统，主要由三个部分组成：眼球肌、眼睛的光学系统和视神经系统。眼睛在眼球肌的作用下运动，捕捉光线，光线通过眼睛的光学系统将光线聚集在视网膜上，并通过生物电化学作用传输到视神经，最终传输至大脑，产生光的感觉或产生视觉。光线通过眼睛发生的主要光学过程为：当波长为380～780nm的可见光辐射进入眼睛的外层透明保护膜后，发生折射，光线从角膜进入瞳孔，进入的光量通过瞳孔的收缩或者扩张自动地得到调节。光线通过瞳孔和晶状体后，由晶状体和透明玻璃状体液将光线聚集在视网膜上。

一、视觉、知觉

人们在认识客观世界的过程中，90%以上的外部信息是通过视觉获得的，照明直接影响获得信息的质量和效率。因此在学习照明设计中，我们必须了解光与视觉、知觉的关系，以及眼睛的生理特征与视觉如何形成。

视觉是由进入人眼睛的可见光引起的一种感觉，光是视觉产生的前提。任何物体的形状、颜色、质感、状态及空间关系，最直接的途径就是通过人的视觉来感应的。当人通过眼球接收到视觉刺激后，传导到大脑进行接收和辨识的过程，其中包含视觉刺激撷取、组织视觉信息，人脑再通过感官感应，即将视觉、听觉、触觉等协同活动，转化为整体经验，就是所谓知觉。视知觉既包含了视觉接收的基本要素，也包含了视觉认知。通俗地说，看见并察觉到了光和物体的存在，与视觉接收好不好有关；但了解看到的东西是什么、大脑如何反应则属于较高层的视觉认知的部分。

视觉的形成过程大致如下：太阳或人造光源（灯具）发出光辐射；外界景物在光照射下显现颜色和形体的差异，通过反射光形成二次光源；二次光源发出不同强度、颜色的信号进入人眼瞳孔，在视网膜上成像；视网膜上接受的光刺激（即物象）变为脉冲信号，经视神经传递给大脑，再通过大脑的解释、分析、判断而产生视觉。

二、眼睛的构造

从外界传入大脑信息的90%以上来自眼睛，因此眼睛是人体的一个重要感觉器官，眼睛的外观上有上眼睑、下眼睑、瞳孔、巩膜和虹膜几部分（图4-2）。

眼睛的结构可分三部分：眼球、视觉通路（主要为神经组织）和眼附属器（包括眼睑、眼外肌、泪器等）（见图4-3）。形象的比喻它们就好似灯泡、电器和灯罩。人眼的工作状态在很多方面与照相机非常相似，当眼球接受外界光线的刺激时，视觉通路把光波信息经过处理变成视觉冲动，传至大脑的视觉中枢，从而获得视觉形象，眼附属器则主要起着维护眼球及视觉通路正常工作的作用。

眼球作为眼睛最重要的部分，它有着十分精致的构造，照相机就是模仿眼球制造出来的。眼睛的主要部分有角膜、晶状体、脉络膜、视网膜等，而类似的结构照相机都具备。如镜头如同透明而且光力强的角膜及晶状体；光圈如同依光线强弱可缩小或开大的瞳孔；暗箱如同含有丰富的色素且具有遮光作用的脉络膜；感光胶片则如同感光组织视网膜。

眼睛的工作过程大致如下：光辐射照射在自然界各种物体上，反射出明暗不同的光线，这些光线通过角膜、晶状体等结构的折射作用，聚焦在视网膜上，视网膜上的感光细胞由此产生了一系列的电化学变化，将光刺激转换成为神经冲动，再通过视觉通路传导至大脑的视觉中枢，完成视觉功能。在上述过程中，瞳孔控制进入眼球内的光线；晶状体通过调节作用，保证光线准确地聚焦在视网膜上，从而获得一个完整清晰的图像（图4-4）。

聚焦图像信息的视网膜上布满了大量的感光细胞。感光细胞有以下两种：锥状细胞和杆状细胞。它们的分布位置有所不同，相应的功能也有所不同。锥状细胞主要集中在视网膜的中心窝区域，它只在明亮的环境中发挥作用，能够迅速分辨出物体的细节和颜

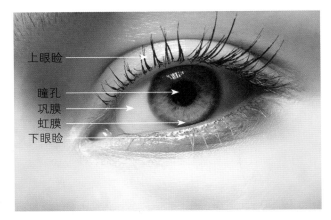

图4-2　眼睛外观名称

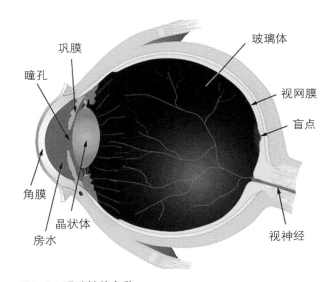

图4-3　眼睛结构名称

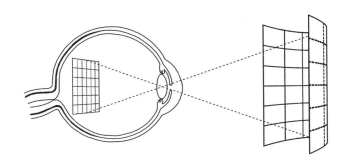

图4-4　眼睛的成像过程

色，对环境的明暗变化反应明显；杆状细胞的分布部位与锥状细胞相反，它分布在中心窝向外的区域，它的感光能力强，在弱光的环境中仍能感光，但杆状细胞对颜色无法分辨，对明暗变化反应缓慢。

三、视觉的特性

1. 视野

当头和眼睛不动时人眼能察觉到的空间范围称之为视野范围（视野）。人的视野范围是由人眼的生理特征决定的，根据感光细胞在视网膜上的分布情况，单眼视野在垂直方向的角度约130°，水平方向约180°；双眼视野较小一些，约占总视野中的120°范围（图4-5）。视线周围1°~5°内物体能在视网膜中心成像，清晰度最高，这部分叫"中心视野"；目标偏离中心视野以外观看时，叫"周围视野"；视线周围30°视觉环境的清晰度也较好。视野的范围是有局限的，但人在观察事物时通过头部和眼球的活动，可以清晰地观察到较大的物体。

2. 明视觉和暗视觉

视觉分为明视觉、暗视觉和中间视觉。明视觉主要由眼球视网膜上的锥状细胞起作用，通常要求的亮度至少为几个坎德拉（cd）每平方米。暗视觉主要由视网膜的杆状细胞起作用，所需的亮度每平方米一般低于百分之几坎德拉（cd）。中间视觉则介于上述两种视觉之间。杆状细胞对波长为510nm的光最为敏感，锥状细胞对波长为550nm的光最为敏感。杆状细胞不能够分辨颜色，只有锥状细胞在感受光刺激时才能对颜色有感觉。

当人通过不同亮度的视觉环境时，视觉对视觉环

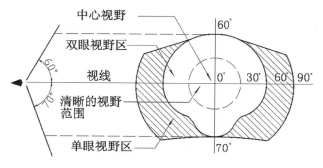

图4-5　视野

境内亮度变化的顺应性就称为适应。当人从黑暗的环境进入明亮的环境时，最初会感觉到刺眼，而且无法看清周围环境，但一会就会恢复正常视力，这种适应叫作明适应，相反则为暗适应。

在实际照明设计中，要考虑到人眼的适应特征，加强过渡空间的照明设计，这样既可以避免视觉障碍的发生，同时可以增加人们对空间层次和期待心理和探索兴趣。

3. 视觉效能

眼睛完成视觉工作的能力称视觉效能。眼睛视觉效能的评价一般包含亮度对比和颜色对比、视敏度、视觉速度等。人的眼睛在观察某一物体时主要通过该物体与其背景之间的亮度差异和颜色差异来进行识别，即亮度对比和颜色对比。背景与物体之间的亮度差异或色彩差异越大，越容易看清楚，越容易识别；差异越小，越不容易识别。视敏度是眼睛分辨两点之间最小距离的能力，即视力。它表示视觉分辨物体细节的能力，一个人能辨认物体细节的尺寸越小，视敏度越高；反之视敏度就低。视觉速度是人们感受形象所需最小时间的倒数。光线越强，看清物体所需的时间越短；光线越弱，看清物体所需的时间越长（图4-6、图4-7）。

4. 视觉疲劳

当人长时间在恶劣的照明环境下进行工作时，容易产生视觉疲劳。500~1000lx的照度范围适合于绝大多数连续工作的室内作业场所；照度在500lx以下时，容易出现视觉疲劳状况。在进行照明设计工作的过程中，应该充分考虑眼睛的生理特征与视觉习惯，以此作为照明设计研究的基础（图4-8、图4-9）。

图4-6 高亮度照明

图4-7 低亮度照明

图4-8 强光刺眼

图4-9 视觉疲劳

四、不同光照下人眼的视觉状态

在环境亮度的明暗发生变化时，人眼的视觉状态也随之变化。在亮度大于5cd/m²的明亮环境下，人眼的瞳孔较小，视觉源自视网膜中心（中心视觉），此时锥状细胞主要提供视觉信息，人眼能分辨物体的细节，也有色彩的感觉，称之为明视觉。当亮度小于0.005cd/m²时，为看清目标，瞳孔必须放大，中心视觉转变为周边视觉，此时主要由杆状细胞发挥作用，虽然能看到物体的大致形状，但不能分辨细节，也不能辨别颜色，所有物体都呈现蓝灰色，这就是暗视觉。同时，介于明视觉和暗视觉之间亮度环境下的视觉状态称为中间视觉，汽车驾驶员夜晚在郊外行驶时就是处于这种视觉状态。

用光谱光视效率函数来评价人眼在不同视觉状态下对光谱的灵敏度。在明视觉状态下，人眼对绿光的灵敏度最高，而对红光和紫光的灵敏度则低得多。也就是说相同能量的绿光和红光（或紫光），前者在人眼中引起的视觉强度要比后者大得多，换言之，绿光的光谱光视效率高于红光（或紫光）。研究的结果表明，人眼在明视觉状态下，其光谱光视效率峰值在555nm处。明视觉光谱光视效率函数用$V(\lambda)$，其最大值在555nm处，通常所讨论的照明设计、照明测试等问题都在明视觉范畴内，所以$V(\lambda)$一般也可以简称为光谱光视效率函数。与之相对应的$V'(\lambda)$是暗视觉光谱光视效率函数，其最大值在507nm处，在暗视觉状态下，蓝紫光将更能引起人眼的视觉感受。明视觉与暗视觉下的光谱光视效率函数如图4-10所示。

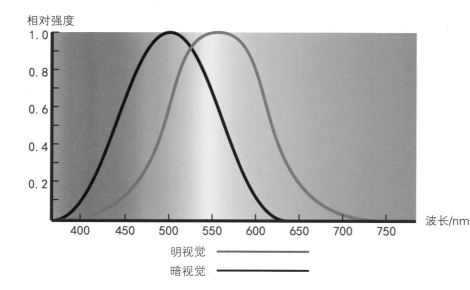

相对强度

明视觉 ————
暗视觉 ————

图4-10 明视觉与暗视觉下的
光谱光视效率函数

第二节 光与色

光的本质是电磁波，人眼可以观察到的光波是电磁波频谱中很小的一个波段，范围在 380~780nm 之间的光波才能引起人们的色彩视觉感受。它们从长波一端向短波一端的顺序是：红色（700nm），橙色（620nm），黄色（580nm），绿色（510nm），蓝色（470nm），紫色（420nm）。此外，人眼还能在上述两个相邻颜色范围的过渡区域看到各种中间颜色。波长小于380nm的光波分别称为紫外线、X射线和伽马射线，而波长大于380nm的光波则分别称为红外线和无线电波，紫外线和红外线又称为紫外辐射和红外辐射，它们都不能被人眼感觉到，而波长小于320nm 的紫外辐射对生物组织是有害的。

自然光源日光是白色的，但每天不同时间的日光颜色也有差异，标准的是出现在上午8~9点钟和下午3~4点钟无云情况下北方晴空的昼光（图4-11）。我们用三棱镜可以把白光分解为红、橙、黄、绿、青、蓝、紫，这种色光排列成的色带称之为光谱（图4-12）。

图4-11 上午8~9点钟白色日光对室内影响

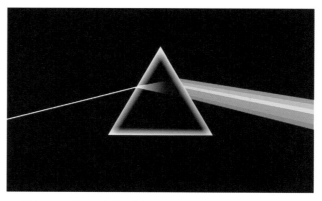

图4-12 三棱镜光谱示意图

一、颜色的形成过程

光与色是相互依存的，若没有光线，人类无法辨别任何颜色，光才是色彩的源泉。

人眼对可见光很敏感，对不同波长光有不同感觉，大脑把不同的感觉解释成不同的颜色，光的颜色实质是光波不同长短的表现。光源发出的光照射在物体上，物体吸收一部分色光而反射一部分色光，反射的色光通过人的眼睛感觉而反映在大脑里，形成颜色。在颜色的形成过程中需要光源、物体、眼睛、大脑四大要素。人眼视网膜锥体感光细胞内有三种不同的感光色素，它们分别对570nm的红光、445nm的蓝光和535nm的绿光吸收率最高，由于红、绿、蓝三种色光的混合比例不同，就可形成不同的颜色，从而产生各种色觉。

自身发光的物体产生的色光称为光源色，一般情况下发光体发出的是许多不同波长的单色光组成的复合光，它的颜色是由光谱能量分布决定的。

自然界的大多数物体本身都不会发光，但都具有选择性地吸收、反射、透射色光的特性。不发光物体的颜色是物体色，物体色由入射光及物体对光的透射、吸收和反射光谱决定，不同的入射光线可能造成物体的颜色不同。

物体表面肌理影响着物体对色光的吸收、反射和透射能力，表面平整、光滑、细腻的物体，对色光的反射较强，如镜子、磨光石面、丝绸织物等；表面凹凸、粗糙、疏松的物体，会使光线产生漫射现象，对色光的反射较弱，如毛玻璃、呢绒、海绵等（图4-13）。

用一组在三个特定方向上的红、绿、蓝三色光可以模拟出白光的效果，但当这个白光和红、绿、蓝三色光分别照在同一物体上时，虽然物体对色光的吸收与反射能力是固定不变的，但物体的表面色却会随着光源色的不同而改变，有时甚至失去其原有的色相，被吸收掉的光不同，反射出来的光也不一定相同，人们看到的物体的颜色可能就不同。所谓物体的"固有色"，不过是日光下人们长期观察事物所形成的习惯而已。我们都有这样的体会，在闪烁、强烈的各色灯

（a）

（b）

图4-13　专卖店色光对材质的影响

光下，所有建筑及人物的服色几乎都失去了原有本色（图4-14）。此外，光照的强度及角度对物体色也有影响。所以，"色彩"并不是物质本身的物理性，只有光波波长才是物理性现实存在，物体的固有性质只是它对可见光谱中某些波段吸收和反射的能力。

二、颜色的特征

我们在观察物体时不仅仅观察色彩，同时还会注意到形状、面积、体积、肌理，以及该物体所处的环境及其功能，它们都会影响人们对色彩的感觉。人们抽出纯粹色知觉的要素，将构成颜色的三个基本要素，即色相、明度和饱和度，定义为颜色的三个基本特征。

（a）　　　　　　　　　　　　　　　　　　（b）

图4-14　夜间灯光下的建筑

1. 色相

色相是指颜色的相貌与名称，也称为色调。色相是色彩的首要特征，是区别各种不同色彩最准确的标准。色相的差别从光学意义上是由光波波长的长短决定的。自然界中色相是无限丰富的，任何黑白灰以外的颜色都有色相的属性，即便是同一种类的颜色，也可以分为多种色相，如黄颜色可以分为中黄、土黄、柠檬黄等，灰颜色则可以分为红灰、蓝灰、紫灰等。

光谱色按照顺序以环状排列即为色相环，色相环是表示最基本色调关系的色表，色相环又分为12色相环和24色相环（图4-15）。

红、橙、黄、绿、蓝、紫是色相环上的基本色相，在各个色的中间加插一两个中间色，即形成含有红、橙、黄、绿、蓝、紫和橙红、橙黄、黄绿、青绿、蓝紫、红紫12种颜色的12色相环。在此基础上进一步再找出其中间色就得到24色相环。在色相环的圆圈里，各彩调按不同角度排列，12色相环每一色相间距为30°，24色相环每一色相间距15°。色相环上90°角内的几种颜色称作同类色，也叫近邻色；90°角以外的颜色称为对比色；色轮上相对位置的颜色叫补色，也叫相反色。

2. 明度

明度是指色彩的明暗程度，也称色阶。色彩的明度取决于光波中振幅的大小，人眼能区别物体的明暗，是由于物体所反射的光量有差异，光量越大，明度越高，反之明度越低（图4-16、图4-17）。

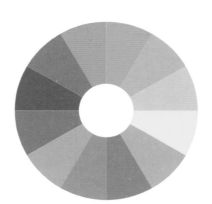

12色相环

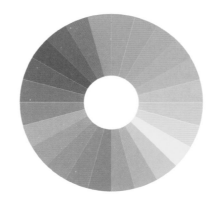

24色相环

图4-15　色相环

明度的区别首先是不同色相的颜色之间的明暗程度不同，在光谱中的各种颜色，黄颜色的明度最高，而紫颜色明度最低，其他各色基本处于它们之间，属中间明度；其次是同一色相的颜色也具有不同的明度，光线的强弱变化会使物体的颜色产生不同的明度变化。

图4-16　高明度照明

图4-17　低明度照明

图4-18　高饱和度照明

图4-19　低饱和度照明

3. 饱和度

饱和度是指色彩的鲜艳程度，又称为纯度或彩度，是彩色与非彩色的区别。其数值为百分比，介于0～100%之间。可见光中纯白色光的色彩饱和度为0，而纯彩色光的饱和度则为100%，饱和度越高，色越纯，越艳；饱和度越低，色越涩、越浊。在光谱色中添加白色，可增加明度，降低饱和度（图4-18、图4-19）。

三、光源色的混合

光源色指由各种光源发出的光，如白炽灯、太阳光、有太阳时所特有的蓝天的昼光等，其光波的长短、强弱、比例性质不同，会形成不同的色光，这种色光就称为光源色。

实践证明将红、绿、蓝三种色光以不同的比例混合，基本上可产生人眼能够辨别的全部色彩，但这三种色光是无法由其他颜色混合而产生的，因此在色度学中我们将红、绿、蓝称为色光三原色，这三种色的混合称为加法混色。电视机和CRT显示器产生色彩的方式就是属于加法混色。

光源色的混合采用色光加色法，色光加色法是由于人类的视觉神经只有分别对光谱中的红色光、绿色光、蓝色光敏感的感红、感蓝、感绿三种，当这三种色光以不同的比例刺激人眼的时候，就会在大脑中产生各种颜色的感觉。比如，绿滤色片能吸收红光和蓝光而让绿色光通过，绿色光刺激人眼，感觉是绿色的。颜料的混合采用色料减色法，与光源色的混合完全不同，颜料的混合是利用不同波长的光线在所混合的颜料微粒中逐渐被吸收引起的变化。

光源色的混合在艺术照明设计中有着诸多广泛的运用，例如通过利用不同光源的混合来制造混光照明和舞台照明等，以达到我们所需要的艺术气氛。在不同空间中，通过光源色的混合来契合空间本身的气质或营造特定的氛围（图4-20、图4-21）。

图4-20　KTV照明

图4-21　舞台照明

课后作业

作业要求：绘制空间的照明光影，用白色彩铅及水粉颜料表现光线的渲染效果，参考图4-22。
作业数量：1件（14cm×18cm），绘制在黑卡纸上，装裱在约40cm×40cm的黑色纸板（或KT板）上。
建议课时：8课时

（a）（李盼）

（b）（罗琦）

（c）（喻希）

（d）（张啸）

图4-22　光线渲染效果图

5

艺术照明

PPT课件，请用计算机阅读

　　生活离不开光，无论是舞台舞池，还是电影电视，灯光照明变成了一种能触及、表现、感染的艺术形式，它不断变幻的身影为观众带来了震撼和遐想。它决定着画面的清晰度、色调和层次。在照明过程中，如果没有创造性的照明画面，就不可能产生具有优秀艺术魅力的作品，所以说，照明技术是一种艺术创作。艺术照明就是利用灯光所特有的表现力来美化环境空间，在利用灯光为人们工作、学习、生活提供良好视觉条件的同时，通过灯具的造型及其光色与室内环境的协调，使环境空间具有特定气氛和意境，以体现一定的设计风格（图5-1）。

图5-1　专卖店艺术照明

第一节　艺术照明的作用

　　艺术照明不仅直接影响到室内环境气氛，而且对人们的生理和心理都会产生影响。室内照明不仅要满足功能上的需求，还要兼顾视觉效果，优秀的灯光设计，不仅能照亮空间还应该能创造空间，烘托气氛，这也是制作效果时必须遵循的原则。

　　在现代照明设计中，为了满足人们的审美要求，在满足照明的基本功能下利用光的表现力对室内空间进行艺术加工，以符合人们心理和生理上的要求，从而得到美的享受和心理平衡（图5-2）。

一、提升空间品质

　　在现代照明设计中，通过运用人工光的扬抑、虚实、动静、隐现以及控制投光角度和范围，以建立光的构图，秩序、节奏等手法，可以大大提升空间的变幻效果，改善空间比例，增加空间层次感，增强空间引导性，提升空间品质。

（a）

（b）

图5-2　艺术照明效果

二、装饰空间艺术

人工光源的装饰效果是通过灯具自身的艺术造型、质感及灯的布置组合对空间起点缀或强化艺术效果的作用。此外人工光的装饰作用也与室内空间的形、色、气质有机结合，当灯光投射在室内的装饰结构或装饰材料上时，丰富的光影效果能增加装饰结构或装饰材料美的韵律。当人工光与室内流水、特别是与声控的喷泉相结合时，那闪烁的光点和跃动的水珠，给室内空间增添瑰丽多姿的艺术效果。

三、渲染空间气氛

灯具的造型和灯光色彩能够有效地烘托空间环境气氛，人工光源加上滤色片可以产生多色光，能产生丰富的气氛，提升室内设计格调，是用以取得室内特定情调的有力手段。暖色调能够表现温暖、愉悦、

华丽的气氛（图5-3）；冷光色则能表现清爽、宁静、高雅的格调（图5-4）。形成室内空间某种特定气氛的视觉环境色彩，是光色与光照下环境实体显色效应的总和，因此在进行照明设计时必须考虑室内环境中的基本光源与次级光源（环境实体）的色光相互影响、相互作用的综合效果。

四、加强空间感和立体感

空间的不同效果，可以通过光的作用充分表现出来。例如亮的房间感觉要大一点，暗的房间感觉要小一点；房间充满无形的漫射光，也会使空间有无限的感觉；而直接光能加强物体的阴影，光影相对比，能加强空间的立体感。在商店设计中为了突出新产品，在那里用亮度较高的重点照明，而相应地削弱次要的部位，获得良好的艺术照明效果（图5-5）。

图5-3　暖色灯光

图5-4　冷色灯光

图5-5　专卖店艺术照明

- 照明提示 -

灯饰与房间的整体风格要协调，而同一房间的多种灯具，应保持色彩协调和款式协调。如木墙、木柜、木顶的长方形阳台，适合装长方形木制灯；配有铁艺表、铁管玻璃餐桌椅的长方形门厅，适合装长方形铁管材质的吊灯；安有金色柜门把手、金色射灯的卧室，适合装带有金色装饰的灯。

第二节　艺术照明的方式

在室内环境艺术照明设计工程中，把照明方式与室内特定环境密切结合，融为一体，做出适合各种环境空间的艺术处理形式，不仅满足使用功能，且具有装饰效果。将照明方式与室内环境设计有机结合，这便是创造灯光艺术的主要目的，并使之成为一种具有美学意义的表现形式。针对不同的室内空间环境，在艺术照明的设计中需要充分理解空间的性质和特点，以营造契合空间性格的艺术空间。

一、艺术照明方式的分类

艺术照明的方式可根据两种不同方法进行分类。

1. 根据照明承担工作任务的不同分类

（1）一般照明　是指向某一特定区域提供整体照明，也就是环境照明（图5-6）。一般照明是照明设计中最基础的一种方式，它提供舒适的亮度，以确保人行走的安全性，保障人对物体的识别。一般可以采用花灯、壁灯、嵌入式灯具、轨道灯具，甚至可以采用户外灯具。

（2）任务照明　帮助完成特定任务，如在书房的书桌上阅读（图5-7），在洗衣间洗衣，在厨房里烹饪，在客厅看电视等。一般可以采用嵌入式灯具、轨道灯具、吸顶式灯具、移动式灯具。在使用这些灯

图5-6　一般照明

图5-7　任务照明

图5-8　重点照明

具时，要注意避免产生眩光和阴影，而且一定达到任务所需的亮度来避免视觉疲劳。

（3）重点照明　是指对某一物体进行聚光照明，这种方式能凸显明暗对比，给房间增加戏剧化效果。作为装饰所常用的一种设计手法，一般采用这种方式来对绘画、照片、雕塑和其他装饰品来进行照明，也可强调墙面或装饰面的肌理效果。一般可以采用轨道灯具、嵌入式灯具或壁灯，且重点照明中心点所需要的照度应为该区域周边环境照度的三倍（图5-8）。

2. 根据照明光源投射光线方法的不同分类

（1）直接照明　是指灯具所产生光线的90%以上作用于工作面上，光源的工作效率很高（图5-9）在室内使用单一的直接照明，会产生强烈明暗对比的光环境。需要注意的是在视觉范围内长时间出现强烈的明暗对比，容易使人产生视觉疲劳。

（2）间接照明　是指光源产生照明光线的10%以下直接作用于工作面上，剩余的光线通过其他物体的反射间接到达工作面（图5-10），一般采用不透明材料来制作灯具，由于主要是通过反射光来进行照明的，所以工作面得到的光线会比较柔和，但光源工作效率相对较低。在照明设计中常会和其他照明方式结合使用。

（3）半直接照明　是指灯具所产生光线的60%～90%向下投射并直接到达工作面，其余通过向上漫射（一般作用于天花），并通过反射之后再作用于工作面上（图5-11）一般以半透明材料为主，灯罩上下均开口。它的明暗对比不是太强烈，相对柔和且光源效率较高。

二、家居空间艺术照明

现代家居空间的灯光照明既有使用意义，又有装饰作用。家居空间良好的照明能帮助你更好地工作、生活，使你感到轻松、愉快、温馨、舒适，让你充分感受家的温暖，合理的照明也能为房间增添美感，增强家庭空间的戏剧性效果。而不同使用功能的房间所需要的照明条件及气氛要求是不尽相同的，不同年龄段的使用者对于照明条件和气氛要求也是不同的。

1. 客厅

在进行客厅灯光设计时，首先必须了解在客厅将要进行哪些种类的活动。对于看电视、聊天、接待客人而言需要的是一般性照明，对于阅读或者在做其他事物时就需要工作任务照明，而对于进行艺术品、植物、装饰构件的照明时就需要采用重点照明来突出目标物体，通过各种灯光的配合使用可以满足各种活动的室内功能需求［图5-12（a）］。

通常客厅里都会有主灯，主灯一般采用吊灯和吸顶灯，灯具的装饰性要求较高，近年来流行的水晶吊灯能营造富丽堂皇的装饰效果，深受广大消费者喜爱［图5-12（b）］。对于挂画等装饰物可以采用低压卤钨灯对它们进行重点照明；对于植物，除了可以采用顶面正视照明外，还可以采用背光照明，能产生戏剧化的剪影照明效果。同时应注意不要产生眩光。

2. 餐厅

在进行餐厅照明设计时需要注意到艺术性和功能性的统一，应该把一般照明、任务照明和重点照明互相结合起来满足就餐时心灵的需求。另外灯光组合方式也需要根据功能进行适当调整，如吃正餐、简单的家庭聚会、家务活动等（图5-13）。

图5-9　直接照明

图5-10　间接照明

图5-11　半直接照明

（a）　　　　　　　　　　　　　　　　　　　（b）

图5-12　客厅照明

（a）　　　　　　　　　　　　　　　　　　　（b）

图5-13　餐厅照明

在餐厅里需要水平照度，往往吊灯是首选。它一般安装在餐桌正上方，既提供足够照度，也可以作为一个装饰性组件，提升整体装修的美感。墙壁灯具是餐厅照明的一位配角，可以采用壁灯来对墙面材质进行单独区域描绘，也可以采用沿墙安装嵌入筒灯进行展品照明。餐厅照明光源应选用显色性较好、向下照射的灯具，以暖色调灯光为宜，切忌使用冷色灯光，暖色灯光能起到增进食欲的功效。

3. 卧室

卧室是休息、睡眠的地方，是家庭居室中一个重要组成部分，在这里需要营造气氛一种宁静休闲的氛围，同时可以用局部明亮的灯光来满足阅读和其他活动的需求。根据居住者的年龄、生活方式，可以采用一般照明和重点照明相结合的方法来进行灯光的布置。在灯具的选择上，天花灯、花灯、吊线灯、嵌入式筒灯或者是壁灯都可以选用（图5-14）。

梳妆台有一套可调节的镜前灯具是女主人化妆时的最佳照明选择。衣柜内部的照明采用嵌入式或者明装衣柜灯具即可。

4. 儿童房

儿童房是儿童活动、学习和玩耍的地方，儿童房的照明应有足够的亮度，灯具一般采用新颖、活泼、造型有趣、颜色鲜艳的式样，如动物形状或玩具形状的灯具（图5-15）。

图5-14　卧室照明

图5-15　儿童房照明

5. 书房

在设计书房照明时，我们需要营造一种柔和的氛围，避免极强烈的对比和干扰性眩光。同样也需要任务照明来满足阅读、书写和电脑工作，同时也需要考虑给奖品和照片等有纪念意义的物品一些重点照明[图5-16（a）]。

书桌一般配置一套可调整的台灯，能给予桌面和电脑键盘区域额外的照明，但注意灯光不能直接照射屏幕，避免反射眩光和产生阴影。在放置台灯时，应主要考虑照明左右手原则，即将灯具放置在书写手的另一侧，如右手书写，就要把灯光放置在人的左侧[图5-16（b）]。书房的挂画及装饰物应有局部重点照明，灯具一般选用嵌入式可调方向的射灯或轨道式射灯。

6. 厨房

厨房是居室内一个主要的工作区域，在这里的照明除了要考虑到舒适同时也要有功能性，照度要求较高。同时应考虑到厨房油烟、水雾较重的特点，并结合现在常用的铝扣板吊顶，在选用灯具时一般采用嵌入式有罩的防雾筒灯或吸顶灯，以方便清洗和提高灯具使用寿命。

单一地使用天花灯具会造成人影效应，因此，局部可以加装工作照明作为补充。如在洗涤处和案板上方的吊柜下，采用一套单独的带有外罩的T4日光灯，这样能提供充足的工作照明。一般吸油烟机都配有单独的照明设备，因此灶台处可不加装照明灯具（图5-17）。

（a）

（b）

图5-16　书房照明

图5-17　厨房照明

7. 卫生间

在浴室里，一般进行理发、化妆、洗澡等活动，因此需要柔和、无阴影的照明。在面积小的浴室里，镜前灯通过镜面的反射就能照明整个空间；而面积大的浴室，则需依靠另外的天花灯具来提供一般照明（图5-18）。

在布置镜前灯时最好是采用左右两边对称的灯光进行照明，这样就能保证面庞左右两边的光线均匀，灯具高度基本与视平线水平，以减少因眼睫毛、鼻子和脸颊产生的阴影。卫生间的灯具也应注意防潮，一般采用带有灯罩的防雾灯具，光源应具有良好显色性，光源的色温要求为2700～3500K，显色性要求为80以上。在淋浴处和浴缸的上方可以在天花上采用一个紧凑型热反射型光源，俗称浴霸，它既能照明，也有取暖的功能。

三、商业空间艺术照明

在商业空间中，良好的照明设计能为消费者提供一个舒适的消费环境，它是商业空间装饰设计中不可或缺的重要组成部分。照明设计不仅要提供合适的照度和营造舒适的商业氛围，还应起到引导作用，吸引顾客的目光，增加顾客的购买欲望。

商业空间照明的对象是商品和空间环境，因此可分为商品照明和空间照明。商品照明是针对商品的，需要有效地将商品信息传递给顾客；空间照明是针对商业空间环境，它传递给顾客的是商业环境的形象。商业空间种类繁多，不同空间在照明设计上也有所不同。

1. 酒吧

酒吧以及咖啡厅、茶室等商业空间是人们休闲、交友、聊天的场所，在它们的照明设计中，主要应考虑的是气氛的营造。酒吧根据不同的区域有不同的照

（a）

（b）

图5-18　卫生间照明

图5-19　不同光色在酒吧中的混合

图5-20　酒吧入口的重点照明

度要求，呈现不同氛围。在光色的运用上也可以不拘一格，暖色冷色混合使用会营造不同氛围（图5-19）。

在入口区域一般采用重点照明高照度的方式，以引起人们的注意（图5-20）。在桌面上宜采用低照度水平的可调灯具，一般选择台灯、烛台等局部低照度照明灯具，也可在天花上安装射灯向桌面投射，照度上要求在谈话时能看清对方面容即可（图5-21）。

在过道区域，照度上不需要太亮，让过往的顾客近距离视觉接触到地面的光斑便可轻松辨认走道方向，一般在酒吧类环境中照度应低于75Lx。酒吧的工作区、收银台和陈列部分要求有较高的局部照明，以便于操作和营造气氛。从安全和美观角度考虑，酒吧台下设置光槽对周围地面照亮，可以给人以安定感，同时要注意不要产生眩光。

2. 餐厅

餐厅根据等级可分为快餐厅、宴会厅、特色餐厅等，每种餐厅在照明设计上会有所不同。

美味的佳肴、怡人的环境和愉悦的交谈是成功餐饮设计方案中的重要因素，明确了餐饮环境对照明的要求。显色性对于良好的灯光品质至关重要，能提升食物的吸引力。因此需要利用直接照明来凸显每张餐桌，很多餐厅往往忽视了这个简单的要素，偏爱使用漫射照明，事实上这会使食物看起来黯然失色。我们对颜色的感知取决于光的颜色和物体本身，也就是体色。例如，番茄汤和红酒具有温暖的体色，这一颜色是由含红光成分的光线烘托出的，而鱼类在蓝光成分的照射下显得最新鲜。披萨店通常青睐传统的地中海环境，采用暖白光（3000K），而冰淇淋店则需要营造冰凉的感觉，因此采用中性白光（4000K）。在优质照明工具发出的明亮光线下，食物看起来格外诱人，反射的光线为水果和蔬菜带来健康、新鲜的外观，为饮料带来更浓郁的颜色。

图5-21　酒吧桌面照明

不同性质的餐饮空间灯光需求不尽相同。快餐厅一般要求明亮、干净，照度要求均匀且强度高，色温较低，一般暖黄色能增进人的食欲，吃完之后则会觉得闷热而想离开，这样可以提高餐位使用效率，在照明形式上应采用简洁而现代化的形式（图5-22）。宴会厅是为宴会和其他功能使用的大型可变化空间，照度要求均匀且有一定强度，结合局部重点照明能营造热烈欢庆的气氛（图5-23）。

特色餐厅是为顾客提供特色菜肴的餐厅，相应的室内环境也具有一定特色。特色餐厅强调安静怡人的环境，在照明设计上与酒吧、咖啡厅类似。同时可采用具有特色的灯具，利用特色材料进行灯具设计来凸显餐厅特点（图5-24）。

3. 服装店

服装店的照明设计中包含服装陈列照明和店铺气氛照明，照度和显色性是考虑的重点，尤其显色性对于服装颜色的识别非常重要（图5-25）。

服装店根据档次可分为普通店和高级专卖店。普通店要给人一种商品丰富、价格便宜的感觉，因此在照明上一般应明亮，根据陈列方式进行局部重点照明。高级专卖店在照度上会比普通店低，大量采用重点照明来突出商品特质，射灯运用较多。

4. 办公室照明

办公时间几乎都是白天，因此人工照明应与天然采光结合设计而形成舒适的照明环境。办公室照明灯具宜采用荧光灯。视觉作业的邻近表面以及房间内的装饰表现宜采用无光泽的装饰材料。

图5-22　快餐厅照明

图5-23　宴会厅照明

（a）

图5-24　特色餐厅照明

（b）

（a）

（b）

图5-25 服装店照明

（a）

（b）

图5-26 办公室照明

办公室的一般照明设计宜在工作区的两侧，采用荧光灯时宜使灯具纵轴与水平视线平行。不宜将灯具布置在工作位置的正前方。在难于确定工作位置时，可选用发光面积大、亮度低的双向蝙蝠翼式配光灯具。在有计算机终端设备的办公用房，应避免在屏幕上出现人和其他物体（如灯具、家具、窗等）的映像（图5-26）。

5. 工厂照明

现代工厂中，很多工作需要工人高强度用眼才能完成，工人必须有好的视力，且要集中精力于某个工件或某个点位上才能完成，也有很多工作需要工人长时间坚持用眼才能完成，甚至要加班才能完成。

夜班工人在别人休息时完成自己的工作，这是最费眼的，在以上情况下工作，工人会很快感到视觉疲劳，难以集中精神，进而影响工作效率，甚至出现差错造成事故。所以一个舒适且明快的工作环境对工厂工人来说很重要，不仅可以保护自己的眼睛，缓解眼疲劳，还能提高工作效率。所以工厂照明的任务是确保工作环境中有良好的可见度，使工作更安全、更积极，避免事故的发生，降低故障和不合格产品的数量，提高生产率。其次，一个良好的工厂照明设计应具备在工作区域有足够、均匀的光线，较高的光通量、合适的色温会减少眩光（图5-27）。

选择工厂照明灯具应遵循以下原则。

1）应考虑维修方便和使用安全。

2）有爆炸性气体或粉尘的厂房内，应选用防尘、防水或LED防爆灯，控制开关不应装在同一场所，需要装在同一场所时应采用防爆式开关。

3）潮湿的室内外场所，应选用具有结晶水出口的封闭式灯具或带有防水口的敞开式灯具。

（a）

（b）

图5-27　工厂照明

4）闷热、多尘场所应采用投光灯。

5）有腐蚀性气体和特别潮湿的室内，应采用密封式灯具，灯具的各部件应做防腐处理，开关设备应加保护装置。

6）有粉尘的室内，根据粉尘的排出量及其性质，应采用完全封闭式灯具。

7）灯具可能受到机械损伤的厂房内，应采用有保护网的灯具；振动场所如有空压机、桥式起重机等的地点，应采用带防振装置的灯具。

四、城市景观艺术照明

1. 艺术照明内容

城市景观照明所涵盖的内容非常广泛，囊括了视觉环境的方方面面，这其中主要包括：

（1）节日庆典照明　利用灯光或灯饰营造欢乐、喜庆和节日气氛的照明。

（2）建筑夜景照明　建筑物夜景照明也称建筑立面照明，是用灯光重塑人工营造的、供人们进行生产、生活或其他活动的建筑或场所的夜间形象。照明对象有房屋建筑，如纪念建筑、陵墓建筑、园林建筑和建筑小品等。照明时，应根据不同建筑的形式、布局和风格充分反映出建筑的性质、结构和材料特征、时代风貌、民族风格和地方特色（图5-28、图5-29）。

图5-28　建筑外墙照明

图5-29　商业店面照明

（3）水景照明　为渲染水景的艺术效果，根据水景的类别，对自然水景（江河、瀑布、海滨水面及湖泊等）和人文水景（喷泉、叠水、水库及人工湖面等）设置的照明。

（4）公共信息照明　利用灯光（含地标性灯光、广告和标志灯光等）作为传导媒体，为人们提供公共信息的照明。

（5）广告照明　为照亮各种广告的照明，所用的光源有霓虹灯、荧光灯、高强度气体放电灯及发光二极管。

（6）标志照明　为照亮用文字、纹样、色彩传递信息而表示的符号或设施的照明。

2. 艺术照明方法

城市夜景照明所采用的照明方法通常有以下几种。

（1）泛光照明　通常用投光灯来照射某一情景或目标，且其照度比其周围照度明显高的照明方式。

（2）轮廓照明　利用灯光直接勾画建筑物或构筑物轮廓的照明方式（图5-30）。

（3）内透光照明　利用室内光线向外透射形成的照明方式。

（4）多元空间立体照明法　从景点或景物的空间立体环境出发，综合利用多元（或称多种）照明方式或方法，对景点和景物赋予最佳的照明方向，适度的明暗变化，清晰的轮廓和阴影，充分展示其立体特征和文化艺术内涵的照明。

（5）剪影照明法　此法也称背景照明法，利用灯光将被照景物和它的背景分开，使景物保持黑暗，并在背景上形成轮廓清晰的影像的照明。

（6）层叠照明法　对室外一组景物，使用若干种灯光，只照亮那些最精彩和富有情趣的部分并有意让其他部分保持黑暗的照明（图5-31）。

（7）月光照明法　此法也称月光效果照明法，将月光灯具安装在高大树枝或建筑构筑物或空中，好比朦胧的月光效果，并使树的枝叶或其他景物在地面形成光影的照明（图5-32）。

（8）功能光照明法　利用室内外功能照明灯光装饰室外夜景的照明，如含室内灯光、广告灯光、橱窗灯光、工地作业灯光、机动车道的路灯等（图5-33）。

（9）特种照明方法　利用光纤、导光管、硫灯、激光、发光二极管、太空灯球、投影灯和火焰光等特殊照明器材和技术来营造夜景的照明方法。

图5-30　建筑轮廓照明

图5-31　建筑层叠照明

图5-32　月光照明

图5-33　广告照明

－ 照明提示 －

　　灯光不应该过多过杂，以免危害人体的健康。灯光的色彩如果反差太大，让人眼花缭乱，不仅有损视力，还会干扰大脑中枢高级神经的功能。颜色过多，容易产生光污染，很明显的一个例子，在迪厅里的光污染很严重，容易让人眼产生不适。此外，不合理的灯光色彩还会影响儿童的视力发育。一个房间里灯光的颜色最好不要超过3种，各种颜色之间也应该协调统一。

课后作业

作业要求：搜集、选择多种空间的照明图片，配以少量的文字，制作10页的PPT文件，在课堂上和同学交流。

作业数量：10页左右的PPT文件。

建议课时：8课时

6

间接照明

PPT课件，请用计算机阅读

随着科学技术的发展和人们生活水平的提高，现代室内装饰发展迅速，间接照明作为现代室内装饰中不可或缺的重要组成部分，其功能已不只是满足于单一的照明需要，而是向多元化的装饰艺术转化。"理想的间接照明就像是从门缝中射进来的一缕自然光"，现代室内装饰追求舒适优美的光环境，于是间接照明便成为实现这一目的的一种理想选择。间接照明，也称为反射照明，是指灯具或光源不是直接把光线投向被照射物，而是通过墙壁，镜面或地板反射后的照明效果，是把直接的自然光转变成温和的扩散光的一种光衰减的照明方式，利用光的漫反射，90%光通量通过天花或墙面反射到工作面，10%以下的光线则直接照射工作面。在空间中巧妙运用间接照明，可以使空间受光均匀，制造柔和的视觉感受，并能有效较少眩光（图6-1）。

图6-1　间接照明

第一节　光源与受光面

要使间接照明达到柔和、自然、感染力最大的效果，必须要注意间隙、遮光线以及质感这三大要素。通常来讲，光的扩散效果与间隙有着重要的联系，当间隙不够时，光就容易受到影响，从而形成强烈的明暗对比，看上去不够自然，导致光线没有得到扩散，所以需要通过调整间隙大小来产生渐变的光效。

一、光源与天花之间的距离

首先要注意光源与受光面之间的距离，通过调整间隙大小来产生渐变的光效；如果距离（间隙）过小，就会产生强烈的明暗对比，光线未能得到充分的扩散，不能形成较好的渐变效果。从图6-2、图6-3看来，灯管与天花板保持一定距离，光在光源周围集中，达到有光晕效果的理想间接照明是成功的。

在采用平顶天花发光灯槽照明时，光源和天花的

图6-2　餐厅间接照明

图6-3　会议厅间接照明

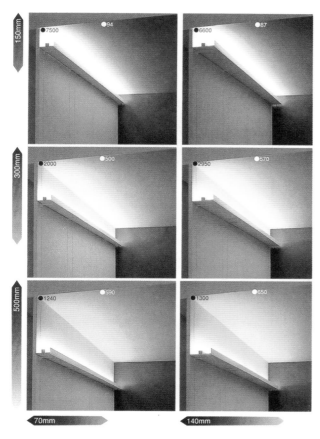

图6-4 光源与平顶天花距离

二、光源与墙体之间的距离

在采用圆弧形天花发光灯槽照明时，要考虑到光源与墙体之间的距离，光源和墙体的间隙应在200mm以上（图6-5）。

第二节 遮光线的处理

要使间接照明达的更好的效果就必须意识到遮光线的存在。室内的间接照明对光线有较高的要求，直接裸露光源是不正确的，但如果为了遮光而使受光面上出现不舒服的遮光线也是不正确的。

在生活中，为了得到理想的光源效果，在家居空

间隙应在300～500mm，这样才能产生柔和的光线（图6-4）。

- 照明提示 -

一般来说间接照明的作用是在于营造一种祥和、浪漫的氛围，而且间接照明是一种新兴的照明方式，可以提升照明设计中一些与之相关的元素，能够使室内环境呈现出各种不同的气氛和情调，并且与室内的环境色彩、形状等融为一体。

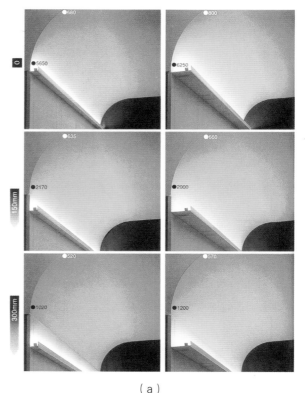

（a）

（b）

图6-5 光源与圆顶天花距离

间装饰灯饰的时候，要考虑好光源的位置，要意识到遮光线的存在，考虑好光源与遮光板之间的相对位置来进行照明细部的剖面设计，以防止裸露光源或出现不自然的遮光线，这样就可以让光的整体效果发挥到极致（图6-6、图6-7）。

第三节　注重受光面的条件

图6-6　酒店客房遮光线处理

图6-7　酒店餐厅遮光线处理

　　注意受光面的条件也是间接照明的一个重要因素，要选择无光泽的粗糙面作为装修面，才能达到理想的间接照明效果。受光面的条件主要是质感与反射的关系，反射能使知觉加倍，让观察者感受到表面上存在的东西，同时还让观察者去发现物体内部的世界。当光与某种材料相遇时，光的特性变化取决于材料本身的特性。表面光滑的材料，光线会做镜面反射；材料表面是细微的不规则的，光线会作散射；材料表面是由不光滑物体造成的，它们可以将光线均匀地向各个方向上反射，即漫反射。

　　有些照明设计师没有提前考虑到室内设计的材料，最后安装出来的效果可能不是那么的明显，导致产生不好的照明效果，其实这也是照明设计最常犯的错误。而在选择材料时，要注意能够理想反射光的装修面的质感，光源离照射面越远，光扩散范围就越大，且能得到均匀光照。而装修面的质感与反射关

系，是要注重受光面的条件，装修面需要做成粗糙面（无光泽），做成粗糙的质感，如果装修面粗糙，光就会漫反射，给人柔和的光感，不能类似于镜面反射。为了使光线柔和反射和扩散，必须把接受光源反射的表面做成粗糙的质感。因此，在照明设计过程中，要充分考虑到室内设计的材料，选择合适的受光面材料，能让间接照明效果更佳（图6-8、图6-9）。

图6-8　粗糙的被照明材料

图6-9　光洁的被照明材料

第四节　间接照明的注意事项及使用范围

一、注意事项

1）在空间上，间接照明使室内空间本身成为主体，避免过多过乱地使用灯具而造成视觉混乱，为丰富空间的造型起到良好的协调作用。

2）在眩光上，间接照明能够很好地把光源隐藏起来，起到照亮空间而不外露光源的效果，很好地避免了眩光问题。

3）在节能上，光源采用光效高、光色好、寿命长、安全和性能稳定的电光源；灯具电器附件采用功耗小、噪声低、对环境和人身无污染影响的电气附件；照明灯具采用光能利用率高、耐久性好、安全美观的灯具；配电器材和节能调光控制设备需传输率高、使用寿命长、电能损耗低且安全可靠。

4）在制作上，光源需排列有序，合理的间距保证了均匀的亮度，避免浪费能源；材料上采用漫射装饰的高反射率材料，使光线能最大限度地照亮空间。

二、使用范围

间接照明是一种新颖的照明方式，它可以通过提升照明设计中一些与感觉有关的元素，使室内环境显现出各种气氛和情调，并与室内环境的形、色融为一体，达到神奇的艺术效果。

但间接照明在创造了宜人的光环境并带给人们精神享受的同时，也造成了能源浪费，由于间接照明采用的是反射光线方式达到照明效果，消耗的光能较大，并且在空间的照明中要与其他照明方式结合使用才能达到需求的照度，所以在社会普遍关注节能、关注可持续发展的今天，间接照明只能用于特定的环境。

－ 照明提示 －

不同年龄会对于光的亮度有不同的需求，年龄越大所需要的亮度越高。不同的场合也会对亮度有不同的要求，电影院、餐厅和家居对于亮度的要求都会有差异。好的灯光设计应该充分考虑各种综合因素。给使用者提供一个适当的、愉悦的视觉环境。

课后作业

作业要求：在身边的住宅和商业空间中各找出一个间接照明优秀和不合格的案例，拍照，并进行文字分析，得出解决方案。

作业数量：1件（21cm×29.7cm），装裱在约40cm×40cm的黑色纸板（或KT板）上。

建议课时：8课时

7

照明设计的
程序和步骤

◄ 章节导读

通过前几章，我们从各方面了解了照明设计中的技术。巧妙地整合这些要素，以求得成功的解决方案，是实现优质照明环境的核心工作。当人们遇到照明设计方面的难题时，往往采用各种方案验证它是不是解决之道，但是这样做显然不是有条理的工作程序。对所有设计难题来讲，有一个合理、有效、专业的解决问题的程序和方法，才能不断做出好的设计。下面讲述的是如何确保高质量、专业性地处理大多数照明设计难题的程序和步骤（图7-1）。

图7-1　建筑照明设计

第一节　照明设计的程序

良好的照明设计是从视觉认知和解决视觉功能及作业导向开始的，与一些设计领域的观点相反，照明设计不是一门艺术。有一种观点认为，做出好的照明设计具有某种神秘性，但其实并不存在这种神秘性。富有经验的照明设计师凭借其丰富的照明知识，兼顾适当的光照数量（照明水平）和合理的光照质量（视觉舒适），便可提升特定空间的氛围及特征。

有特殊用途的房间（如舞厅或者教堂）或建筑形式（如穹顶或陡峭面的天花板），从一开始就要求将注意力放在照明设计的美学和塑形方面。但是在大多数情况下，最好是在解决了功能问题后，再考虑美学方面的问题。

一、程序1：确定照明设计标准

在构思设计前，先确定希望达到的设计目标。确定光的数量和质量有关的标准，它们保证设计的照明能够产生适量的光；其他的标准，尤其是法规及实施标准，要确保设计达到标准要求。以下列出了常用的专业照明设计的基本标准。

1. 照明标准

根据空间视觉作业的复杂度和困难度，照明机构对照明标准进行了分类（表7-1）。

表7-1　照明标准分类

类别	照明照度标准
A类	公共空间30lx
B类	简单定向50lx
C类	简单视觉作业100lx
D类	强对比大尺度目标作业 300lx
E类	强对比小尺度目标作业 500lx
F类	弱对比小尺度目标作业1000lx
G类	接近视觉极限的作业 10000lx

可以按照以上数据，为每个视觉作业选择合适的标准。例如：大多数办公室属于D类标准，即这种作

业的合理照明标准是300lx。但有些办公室作业（如会计室或图片阅览室）可能要求达到500lx，甚至是1000lx（图7-2、图7-3）。

推荐照明的标准需要注意的几点：

（1）推荐照明的标准是制定相应法规的基础，如生命安全法规和健康法规。举例来说，国家防火协会规定紧急疏散通道平均照明标准为10lx。

（2）要求设计者能根据项目需求调整标准等级。例如，如果工作者为老年人，或者视觉作业尺度较小，或者其视觉作业对比比较低，那么设计者可能要选择一个较高的照明标准。

（3）选择的设计标准应是照明作业的平均水平。有些照明作业可能低一些，有些则高一些。对于照明协会推荐的照明水平比例关系为：作业区域标准值的67%～133%；邻近环境标准值的33%～100%；周围环境标准值的10%～100%。通过设计来维持照明这种比例关系，人们的眼睛将会保持在一个良好适应的状态，并且能对视觉刺激做出快速反应。

图7-2　会议室照明

图7-3　办公区照明

2. 照明质量标准

以下是可能影响照明质量的因素：

1）空间与灯具的总体外观；

2）颜色的质量和显示；

3）昼光照明的整合与控制；

4）眩光；

5）频闪；

6）作业中光分布的均匀度；

7）房间表面的材质光滑度；

8）对兴趣点的重点照明；

9）阴影（合适的与不合适的）；

10）照明设备的合理定位；

11）可控性及灵活性。

3. 法规标准

影响建筑照明的法规和类似规定有以下几种：

（1）电力法用于确保建筑的安全性，这些法规由施工监理强制执行，电力法对照明主要有以下影响：

1）要求照明电线安全；

2）要求对灯具进行应用检测，经过专业公司的检测并附有证明标志；

3）对居住区（尤其是对储藏室以及水池周围、温泉区、喷泉、水疗按摩治疗等其他临水区域）内何处可以布置照明做出规定及限制。

4）对工业设施以及其他含有易燃、易爆气体场所的照明做出规定及限制；

5）使用高压照明设备的限制，尤其限制其在家庭中的使用；

6）使用低压照明设备的限制，尤其限制使用裸露电缆。

（2）建筑法用于确保建筑结构的安全，它对照明的影响主要在于它要求在商业建筑以及机关大楼内设立紧急照明，以便紧急事件发生时能安全疏散；

（3）能源法用于确保建筑物以最小的能耗运行，通常能源法对居住区照明影响较小，但对于非居住区建筑的能耗限制意义重大；

（4）无障碍法是用来确保建筑物适用于所有人，包括那些行动能力上有困难的残疾人或行动不便的老年人；

（5）健康法是用来要求医院和护理机构对特定区域制定最低照度标准，另一种法规要求在商用厨房或自助餐厅等饮食服务场所，对照明设备加设保护性透光罩。

二、程序2：记录建筑数据以及相关约束条件

设计师要注意那些可以控制或影响照明设计结果的建筑因素。窗户的位置和尺寸是可能影响照明设计的两个因素。此外，结构系统及其材料、吊顶高度、隔墙构造或原料、吊顶系统及其材料或装饰构件等，它们对照明方案常常也有很大的影响。

当进行照明设计时，必须测量并记录所有这些因素。个人观察是测量的基本方法，其价值更大。与建筑管理者、维护人员及使用者进行讨论常常会得到建筑的问题和特点的第一手资料。无论使用何种方法来收集信息，有计划地记录下这些数据，它们将在今后的照明设计过程中起到非常有利的作用。

当一个新建筑在其设计阶段，特别是当其设计初期就已经适当地考虑了照明设计，照明因素也许会影响建筑设计方案，这样能获得更好、更经济的建筑设计效果。如在建筑设计过程初期就考虑到吊顶系统和吊顶空间内的管线布置、上下水管布置以及适用性很强的作业与环境照明系统的设计都将使建筑整体设计的合理化进行得更为顺利。从一开始，建筑设计团队中就应该包括专业的照明设计师。

三、程序3：确定所需满足的照明要求

用具体实例说明这一程序。如在住宅餐厅一例中，第一的照明重点是餐桌，看清食物和用餐者表情是应最优先考虑的；第二是需要看清用作工作台的餐具柜上的摆设；第三是需要给墙上的装饰画进行重点照明。住宅餐厅的角落并不用照亮，不用进行外围边缘照明，照亮餐桌的灯具应能为周围环境提供一定数量的照度（图7-4）。

按照程序1中的标准值，记录每个房间的照明需

求和希望达到的照明水平，照明水平可以根据设计者的个人判断来调整。在会议室中，首要的照明任务是坐在会议桌边的人进行阅读和记录，这需要大约500lx的照度，选择用于桌面照明的灯具时，应考虑到对桌边人脸的照明使人感到舒适。在会议桌四边的外围空间需要200～300lx的环境照度，这同样适于满足人们在文件柜中取放物品的视觉需要。对墙上展示的图面材料或艺术品，应进行照度为200～300lx的重点照明；对于那种相对较小的单功能会议室，依靠重点照明就可以满足会议桌周边的照明需要（图7-5）。

对小型旅馆中的大厅，必须处理几项照明区域。在建筑物入口处，包括门廊，通常需要贯穿整个空间的环境光。关键的照明任务是在接待台上，需要对接待台进行重点照明，使刚达到者可以快捷、轻易地找到它，在这里接待员和宾客要进行读写，同时在后面的工作台上，接待员要进行阅读和记录。电梯间前庭

图7-4　餐厅照明

图7-5　会议室照明

图7-6　小旅馆大厅照明

可设置照度较低的局部照明，值班经理的桌上需要设置小型工作台灯，休息区也需要为交谈及临时的短时间阅读设置环境光。因为旅馆具有居住的功能，因此希望在休息室中创造一种家居气氛，虽然这并不是一项特定的视觉功能或作业，但要形成完整的照明设计方案，它是不可缺少的一部分（图7-6）。

四、程序4：选择照明系统

该程序将确认照明设计方案中有关选择照明系统这一重要元素。光源的放置位置是关键问题，需要考虑光线应该来自上方还是视平线高度（或者偶尔来自下方），应该采用直射光还是漫射光，光源应该是可见的还是隐蔽的，建筑条件和限制（由于缺乏足够的吊顶空间而导致吊顶高度有限，或是难以将电力送达特定位置）常常影响这些问题的解决。

五、程序5：选择灯具及光源系统

根据程序4中决定的照明系统来选择灯具及光源类型。有关灯具的构造、外形和尺寸等细节，不仅要使它与建筑构造成为和谐的统一体，产生的光线也要符合建筑空间的整体感觉。美学方面的协调要求常在选择灯具方面起主要作用，外形、风格、材料及颜色应与建筑特点一致，并且和室内装修及家具布置的细部协调。

光源的选择同样有其专门的标准，其中光通量输出、显色性、是否符合能耗标准以及光源寿命等都是重要因素。当光源品质对于满足经济性、法规或颜色等要求起决定性作用时，光源的选择标准常成为选择灯具的决定因素。在大多数情况下，灯具和光源的选择是一个相互影响的过程，在此过程中，两者的选择被作为一个整体来考虑。

六、程序6：确定灯具的数量及位置

通常会考虑几种光源与灯具的组合，因此灯具的数量会因每种组合输出光通量的不同而变化。比如住宅中的客厅，除了布置吊顶、吸顶灯和灯带外，有些家庭会单独设置夜灯，那么在夜间睡觉期间，开启夜灯就可以方便家人上卫生间。大多数情况下，照明设备被嵌入、附着或悬挂在吊顶上，但都会按一定规律来布置，在视觉上形成清晰的几何图形。当然，在空间或家具布置不规则的情况下，灯具布置更合适使用自由或不规则图案。

七、程序7：开关及其他控制设备的布置

在照明设计过程中，这是最具逻辑性及常识性的一步。设计者必须考虑到使用者的通行路径、房间用途以及使用方便的需要，才能很好地布置开关及控制系统。拥有丰富经验并了解控制技术，才能设计出可行且使用户满意的方案。应当考虑到控制技术方面的最新发展，如自动开关、声控开关等。对于卧室的吊灯，常在卧室门口及床头设置双控开关，这样，寒冷的冬夜在床头就可以方便的开关吊灯了。

— 照明提示 —

正常使用中，应该合理选择照明控制方式，根据天然光的照度变化安排电气照明点亮的范围，并且根据照明使用特点，对灯光加以分区控制和适当增加照明开关点。

八、程序8：美学及其他无形因素

在此之前的所有步骤讲述的都是照明设计过程中的功能性问题。然而对任何一个关注照明设计的人来说，内在的美学或情感因素显然都对照明方案是否成功具有重要意义。平凡的空间借助于合适的照明方案，也能创造出成功令人满意的效果。在完成照明设计的过程中，必须考虑美学及情感因素，而它们在本质上是无形和难以定义的。以下几点可帮助界定那些在照明设计过程中必须考虑到的无形因素。

1. 大小和尺寸

这对所有空间来说都是重要的设计因素。有一些适用于住宅空间或是私人办公室的照明灯具，并不适用于大型的、豪华的大厅或礼堂。比如嵌入式或吸顶式灯具常用于内部空间高度为2.8m的房间，对于太高的空间，它们就不适合（图7-7）。

2. 构造系统

它和建筑物的大小尺度有紧密的联系。大型的建筑通常结构部件也较大，大跨度建筑使用大跨度结构系统。通常结构系统是暴露的形式时（在所有建筑类型中都有可能出现），灯具的类型和大小以及所使用光源的类型将受到直接影响。

3. 材料及面饰

建筑的材质在影响灯具及光源的选择方面扮演非常重要的角色。大理石和水磨石等特殊地面则需要具有特殊的光束分布及显色性的照明来展现它们的特点，同时也需要慎重选择光色，以尽可能充分地展现出它们与众不同的材质特性（图7-8）。

4. 设计质量

设计质量是这些美学及心理元素中最难以把握的问题。社会的认同标准和期待目标对照明方案起着重要作用，可移动照明（落地灯和台灯）在居住建筑物是常见而适宜的，但在非居住建筑中大量使用则显得与环境不合，通常较少应用；用照明强调一面装饰

图7-7 低矮的办公照明

图7-8 凸凹不平墙面

墙或纹理非常丰富的织物能使房间与众不同，给人以美感。

通常在照明设计时注重建筑空间感觉，会得到一个成功的照明设计。巧妙的照明设计可明显地提高空间质量，如教堂、夜总会以及豪华接待室，会要求一种特殊的气氛，而大部分情况下都能通过照明来达到目标。同样，许多不那么引人注目的空间，例如起居室、会议室和餐厅，同样能得益于适当并有创造性的照明。

5. 创造环境氛围

很多房间和空间都期望营造某种环境氛围。例如客厅，应该是温馨而吸引人的；行政办公室，应该展现能力和成就；医护机构，应表现效率和专业性；旅店大厅则应表现华贵。所追求的环境氛围通常是客户或使用者的要求与设计者的想象力结合的产物，照明设计能否体现所需环境氛围，是照明设计方案成功与否的关键。

6. 塑造特点

居住及工作的空间，其平面和剖面大多是方形的，天花板多为常规高度。除非通过独特的家具和设备布置来改变这种空间的形态，否则通过照明手法来改善它们的形态特点往往比较难。但是那些本身形态丰富的空间，比如有优美曲线的墙壁，多边形的轮廓，或拱形的、穹顶形的天花板等，都可通过照明设计来增强它们独特形体的美学表现力。使用光、影来清晰地表达复杂的相互关系，在曲面上创造有层次的照明。为建筑空间寻找照明解决方案，照明设计师可以使用多种多样的手法，如何借助照明手法来强化空间优点，提高其品质，是对设计师创造力的一个极大的挑战（图7-9、图7-10）。

7. 手法

要想达到照明设计的美学构想，从简单到复杂的手法都可以用到。起居室可能需要一个用于谈话的舒适角落，使用带半透明灯罩的台灯产生温馨的漫射光，可以达到所需效果；小珠宝店可能需要隐藏式柜台灯，使用低压射灯、嵌装式射灯以及架下荧光灯，将它们精心组合来提供照明，可产生精致的聚焦照明，能凸显珠宝的高贵品质。如所有照明实例证明那样，对于照明设计问题来说，不存在"准确"、"精确"、"完美"的照明设计。在多数情况下，解决方案或多或少有成功和值得赞叹的方面。设计师应该力争方案可行有效，来满足客户和使用者对于功能、美学和心理方面的需求。要想获得令人满意的空间质量，就必须在进行照明设计时牢记这些重要程序。

图7-9 客厅顶面照明

图7-10 起居室角落吊顶照明

第二节 照明设计的步骤

照明设计的目的在于用最适当最合理的方式将照明设施的机能与人们的生活有机地结合起来，创造出使用安全方便，照明质量好，并具有一定气氛的照明环境。在进行照明设计时，应首先考虑照明环境的使用功能和性质，深入分析设计对象，全面的考虑与照明设计相关的功能、形式、心理以及经济等诸多要素，以此为据制定出设计方案，并按照科学的照明设计步骤予以实施。照明设计在实际操作中有以下几个步骤。

一、方案准备阶段

在方案准备阶段，首先要明确照明设计对象的使用功能，明确其使用目的及用途。如会议室、办公室、店铺、餐厅等，对于空间的不同用途可能采取的设计手法是不尽相同的。有的空间可能有多种用途，在设计时需考虑满足其可能的所有功能需要，如体育馆中可能进行体育比赛，也可能有舞台表演；会议室可能兼具舞厅的功能。

因此，在方案准备阶段，首先应尽可能详尽的了解设计对象的使用功能，以此作为下一步设计的重要依据。其次，要了解空间的建筑与装修设计方案，如空间的大小、布局、风格、质地、色彩及家具陈设等，其中平面布局情况对照明设计有着重要的指导意义。然后，调查研究类似的案例，收集相关资料，为设计方案提供市场依据。如果是商业空间，还要考虑竞争对手以及相邻空间的设计方案。最后，将前面的分析内容与收集的资料（包括甲方的设计任务书、空间原始情况等）进行整理，挑选出对照明设计有指导意义的内容，以文字、图片及录像的形式整理成照明设计指导书。

二、方案构思阶段

根据前一阶段所整理的资料，对设计进行整体构思，确定整体风格。在此过程中，应对建筑及装修风格有深入的理解，力求照明设计能与之协调，并凸显其特点。

依据空间对视觉工作的要求和环境的情况，按照设计规范的照度标准，确定各个空间的照度，保证在该空间进行的各项工作和活动能够有效地进行，并且能够持久而无不舒适感。同时，应注意各房间亮度的平衡。根据空间的使用和布局情况，对光的布局与区域进行界定，确定光照的分布，规划重点照明、工作照明和一般照明。结合空间性质与特点对照明布局进行初步设计，并选定照明的手法及形式（图7-11）。

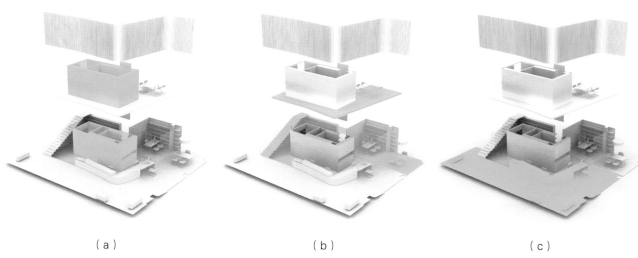

（a）　　　　　　　　（b）　　　　　　　　（c）

图7-11 银行办公照明区域分析

三、深化设计阶段

在深化设计阶段，从照明光线的投射方向、照度要求、眩光的控制以及预算控制和维护成本等因素来确定光源、灯具的布置及安装方法。

确定好设计照明器具的式样，并选择符合室内气氛的照明灯具及光源的光色，将照明设计与装修设计有机结合。确定照明控制方案和配电系统，计算各支线和干线的电流，参考建筑的供电系统来确定供电方式和负载分配，以及配电箱中空气开关的型号和规格。绘制电路施工图，包括电气施工平面图、配电系统图、设计说明及主要材料表。编制电气工程概算书或预算书，一般按照甲方指定的预算定额及统一基价表进行编制。

四、施工阶段

最终确定施工采用的灯具型号、规格及品牌，包括成品灯具和定制灯具。现场灯光的确认和调整，包括可调式射灯投射角度的调整，吊灯垂吊高度的调整等。施工完成后测定空间的灯光强度，需要时可通过改变照明光源或者其功率大小来调整空间的灯光强度和整体照度水平，使之达到光照数量和光照质量的完美统一（图7-12、图7-13）。

> **- 照明提示 -**
>
> 照明设计师与建筑师之间的沟通与合作日趋密切，优秀的照明设计和照明概念一定要及早进入建筑方案，融入建筑设计和室内设计，使"光"成为建筑和室内外空间设计的有机组成部分，支持并演现建筑和室内设计的创意，实现用户的期望和要求。

图7-12　银行办公照明

图7-13　银行外部照明

课后作业

作业要求：1. 简略说明照明设计的程序是什么。

2. 简略说明照明设计的步骤是什么。

作业数量：600字文字说明。

建议课时：8课时

8

照明计算

PPT课件，请用计算机阅读

◄ 章节导读

在空间设计中，照度设计作为其中的一个重要组成部分越来越受到大家的重视，一般意义上的照度通常是指工作面高度、水平方向上的照度水平。但对于特定的空间，如画廊、艺术馆等，这时要求的照明标准是指垂直面上的照度。正确的照明计算是完成空间设计的重要基础，对于设计人员而言，他们大多数具备运用灯光营造环境气氛的审美能力，所以对照明设计进行量化的计算能力就显得尤为重要。只有掌握照明计算方法，才能针对具体的空间配置出对应的照明方案。现在就来探讨不同类型的照明计算方法，为设计者提供可以事先预测照明效果的基本方法（图8-1）。

图8-1　办公空间照明

第一节　常见灯具的参考光通量

这里列举的是一些常见灯具的参考光通量（表8-1）。

表8-1　常见灯具参考光通量

灯的种类	光通量/lm	灯的种类	光通量/lm
60W标准白炽灯	890	5W标准射灯	200~250
100W标准白炽灯	1200	7W标准射灯	250~450
18W标准紧凑型荧光灯	1200	9W标准射灯	450~720
18W标准T8荧光灯	1350	12W标准射灯	720~1000
36W标准T8荧光灯	2850	15W标准射灯	1000~1350
用于街道照明的100W高压钠灯	9500	用于体育馆照明的1500W金属卤化物灯	165000

- 照明提示 -

光通量的单位为"流明（lm）"，是指人的眼睛所能感觉到的辐射功率，它等于单位时间内某一波段的辐射能量和该波段的相对视见率的乘积。

第二节　不同空间的参考照度值

这里列举的是不同空间的参考照度值（表8-2）。

表8-2　不同空间的参考照度值

空间	照度/lx	场所
学校	2000～1500	制图教室、缝纫教室、计算机教室
	500～300	教室、实验室、实习工场、研究室、图书阅览室、书库、办公室、教职员休息室、会议室、保健室、餐厅、厨房、配膳室、广播室、印刷室、总机室、守卫室、室内运动场
	300～150	大教室、礼堂、储柜室、休息室、楼梯间
	150～75	走廊、电梯走道、厕所、值班室、工友室、天桥、校内室外运动场
	75～30	仓库、车库、安全梯
办公室	2000～1500	设计室、事务室
	1500～750	大厅通道(白天)、营业室、制图室
	750～300	会议室、书库、印刷室、总机室、控制室、招待室、娱乐室、餐厅
	300～150	娱乐室、餐厅、教室、休息室、警卫室、电梯(走道)、盥洗室、厕所
	150～50	喝茶室、更衣室、仓库、值夜室(入口处)、安全楼梯
工厂	3000～1500	超精密作业、设计、制图、精密检查
	1500～750	车间
	750～500	包装、计量、表面处理、仓库办公室
	300～150	染色、铸造、电气室
	150～75	进出口、走廊、通道、楼梯、化妆室、厕所、附作业场仓库
	75～30	安全楼梯、仓库、屋外动力设备(装卸货、存货移动作业)
医院	10000～5000	眼科检查室
	1500～750	手术房
	750～300	诊疗室、治疗室、制药室、配药室、解剖室、病理细菌室、急救室、产房、院长室、办公室、护士室、会议室
	300～150	病房、药品室、病床看书、换药、骨折石膏包扎、婴房、记录室、候诊室、会诊室、门诊走廊
	150～75	更衣室、物疗室、X光室、病房走廊、药品室、灭菌室、病房室、楼梯、内视镜室
	75～30	动物室、暗室(照片)、安全楼梯
理发店	1500～750	剪烫发、染发、化妆
	750～300	洗发、前厅接待台、整装
	300～150	厕所
	150～50	走廊、楼梯
旅馆、饭店、娱乐场	1500～750	柜台
	750～300	玄关、宴会场、事务室、停车处、厨房
	300～150	餐厅、洗手间
	150～75	娱乐室、走廊、楼梯、客房、浴室、庭院重点照明、更衣室
	75～30	安全楼梯

续表

空间	照度/lx	场所
商店	3000～750	室内陈列、示范表演场所、柜台
	750～300	电梯大厅、电扶梯
	300～150	商谈室、化妆室、厕所、楼梯、走道
	150～75	休息室、店内一般照明
住宅	2000～750	手工艺、裁缝
	1000～500	书房
	500～300	玄关、化妆、厨房、电话
	300～150	娱乐室、客厅
	150～70	寝室、厕所、楼梯、走廊
	75～30	门牌、信箱、门铃钮、阳台

注：以上数据为经验数值，只能做粗略估算用。

— 照明提示 —

作业面或参考平面上的维持平均照度，规定表面上的平均照度不得低于表8-2的数值。它是在照明装置必须进行维护的时刻，在规定表面上的平均照度，这是为确保工作时视觉安全和视觉功效所需要的照度。

第三节　功率密度计算方法

一、公式

灯具的用电功率
（w）＝房间面积（m²）×单位面积上消耗的照明用电功耗（w/m²）

如果想要在这个房间获得需要的照明水平，采用功率密度法就是用房间面积乘以单位面积上消耗的照明用电功耗，也就是功率密度值（见表8-3），由此就可以得出使用荧光灯或白炽灯光源时的用电功率。

表8-3　功率密度值

常用场所	希望达到的照明水平/lx	荧光灯、紧凑型荧光灯或HID灯的功率密度/（W/m²）	白炽灯或卤钨灯的功率密度/（W/m²）
饭店走廊、建筑楼梯	20～50	1～2	3～7
办公室走廊、剧场观众席	50～100	2～4	7～10
建筑门厅、等候厅、商场中庭	100～200	4～8	10～20
办公区、教室、会议室、大型商场	200～500	8～12	不推荐
实验室、工作区、体育场	500～1000	12～20	不推荐

- 照明提示 -

功率密度是指燃料电池能输出最大的功率除以整个燃料电池系统的重量或体积（或面积），单位是瓦/公斤或瓦/升。

二、举例分析

1. 举例一

设计条件：教室长10m，宽10m，平均照度大约是400lx，可选择功率密度为12 W/m²的荧光灯（32W的T8荧光灯）作为所需要照明的灯具，求教室内灯具数量是多少？

根据公式可求得：灯具的用电功率（W）= 房间面积（m²）× 单位面积上消耗的照明用电功耗（w/m²）

$$= 100m^2 × 12W/m^2$$

$$= 1200W$$

如果选用32W的T8荧光灯，大约需要1200W÷32W/台=38盏。

结论：需要32W的T8荧光灯38盏。

2. 举例二

设计条件：在一个剧场的观众席照明中，剧场面积是300m²，所需要的照明水平大约是100lx。由于需要进行全场调光，所以选用卤钨灯光源。可选择60W或100W的下射灯，求剧场灯具数量是多少？

从表8-3中查得剧场的功率密度为10 W/m²。

根据公式可求得：灯具的用电功率（W）= 房间面积（m²）× 单位面积上消耗的照明用电功耗（W/m²）

$$= 300m^2 × 10W/m^2$$

$$= 3000W$$

如果选用60W的下射灯，大约需要3000W÷60W/台=50盏灯具。如果选用100W的下射灯，大约需要3000W÷100W/台=30盏灯具。

结论：需要50盏60W的下射灯或30盏100W的下射灯。

3. 举例三

设计条件：面积为96m²的教室，用32W的T8荧光灯作为所需要照明的灯具，求教室内灯具数量是多少？

从表8-3中得出教室的功率密度为8~12 W/m²

根据公式可求得：当采用荧光灯进行照明时，最少需要的电功率为96m²×8 W/m² = 768W

最多需要的电功率为96m²×12 W/m² = 1152W

相应的，所需灯具，最少需要768W÷32W = 24盏；最多需要1152W÷32W = 36盏。

结论：需要24盏或36盏32W的T8荧光灯。

三、注意事项

除此以外，还有其他的一些限制因素也会影响到照明设计。如果在照明设计中考虑到以下的注意事项，那么采用本方法时才会得到比较理想的效果。

1）这个方法仅适合于具有白色或浅色调的墙面，窗户数量适当等要求的普通房间。当房间墙面为暗色调或房间的形状比较特殊时，这一方法就不适用了。

2）在房间的照明设计中，尽量采用普通的或常见的照明设备，避免那些不科学的照明方法。

3）充分了解白炽灯、卤钨灯以及荧光灯等光源在照明效果方面的差别。

第四节　简化照度（流明）计算方法

一、公式

空间所需照度（lx）=光源总光通量（lm）÷空间面积（m²）÷2，即采用简化流明计算方法就是用光源的总光通量除以被照明场所的面积，然后再除以2，就能得到被照明场所的照度近似值。

如果想要知道所希望得到的照明水平需要多少光通量的话，把上面的过程倒过来即可：

1）将设计照度乘以2；

2）用获得的结果乘以房间面积，由此可以得到所需要的总光通量；

3）用总光通量除以所用光源的单灯初始光通量，即可获得所需要的灯数量。

二、举例分析

1. 举例一

设计条件：一个14m²的私人办公室，房间中有4盏双光源T8荧光灯，每个光源的光通量是2850lm，求办公室的实际照度是多少？

根据公式可求得：空间所需照度（lx）=光源的总光通量（lm）÷空间面积（m²）÷2

　　　　　　　　　=4盏灯具×2只光源/灯具×2850lm/光源÷14m²÷2

　　　　　　　　　=22800lm÷14m²÷2

　　　　　　　　　=814lx

结论：实际照度是814lx。

它略高于推荐的数值，这说明实际使用的灯具多了。因此，可以减低25%的光通量，即采用610lx，也就是在每个房间中减掉一台灯具。

2. 举例二

设计条件：一个14 m²的私人办公室，采用某个特定的光源，其光通量是2200lm，希望获得430lx的照度，求办公室的灯具数量是多少？

根据公式可求得：空间所需照度（lx）＝光源的总光通量（lm）÷空间面积（m²）÷2

灯具数量＝空间所需照度（lx）×空间面积（m²）×2÷灯具光通量

＝430lx×14m²×2÷2210lm/光源

＝12040lm÷2210lm

＝5.47（盏）

结论：需要的灯具总数取整数为6盏灯。也就是说，需要6盏单光源灯具，或者3盏双光源灯具，或者2盏三光源灯具，或者1盏安装了六光源的灯具。

3．举例三

设计条件：面积为96m²的教室，要求达到约540lx照度，采用光通量为5000lm的F54T5HO型光源，求该教室使用灯具的数量是多少？

根据公式可求得：空间所需照度（lx）＝光源的总光通量（lm）÷空间面积（m²）÷2

灯具数量＝空间所需照度（lx）×空间面积（m²）×2÷灯具光通量（lm）

＝540lx×96m²×2÷5000lm/光源

＝103680lm÷5000lm

＝20.736（盏）

结论：所需要灯的数量取整数大约为20盏或21盏。

4．举例四

设计条件：某舞厅中有一些向下照射式照明灯具、一盏枝形吊灯以及一条用于屋顶天花板照明的暗槽式荧光灯带。已知下列数据，求该空间的照度是多少？

1）舞厅面积是110 m²。

2）舞厅安装了10台向下照射式照明灯具，每台灯具中的光源光通量是2000lm。

3）舞厅安装了1台枝形吊灯，吊灯上配有24只光源，每只光源的光通量是400lm。

4）舞厅有1台暗槽式荧光灯带，共有28只光源，每只光源的光通量为3000lm。

根据公式可求得：10台向下照射式照明灯×2000lm＝20000lm

1台枝形吊灯中的24只光源×400lm＝9600lm

28支荧光灯×3000lm＝84000（lm）

总光通量为113600lm

空间所需照度（lx）＝光源的总光通量（lm）÷空间面积（m²）÷2

＝113600lm÷110m²÷2

＝516（lx）

结论：实际照度是516lx。

516lx只是近似值。但可以确定的是，当开启了所有的照明灯具时，完全可以达到375～430lx的照度。关掉荧光灯后，至少还有100lx的照度，这一照度对于在餐厅和舞厅这一类场所举办相应的公共活动来说是足够的。

第五节　利用系数计算方法

一、公式

平均照度(Eva) = 单个灯具光通量(Φ) × 灯具数量(N) × 空间利用系数(CU) × 维护系数(K) ÷ 地板面积(m²)（适用于室内或体育场的照明计算）

1）单个灯具光通量(Φ)指的是这个灯具内所含光源的裸光源总光通量值。

2）空间利用系数(CU)是指从照明灯具放射出来的光束有百分之多少到达地板和作业台面，所以与照明灯具的设计、安装高度、房间的大小和反射率的不同相关，照明率也随之变化。如常用灯盘在3m左右高的空间使用，其利用系数CU可取0.6～0.75之间；而悬挂灯铝盘在6～10m空间使用时，其利用系数CU取值范围在0.7～0.45；筒灯类灯具在3m左右空间使用，其利用系数CU可取0.4～0.55；而像光带支架类的灯具在4m左右的空间使用时，其利用系数CU可取0.3～0.5；室外体育馆利用系数CU可取0.3。

3）维护系数(K)是指伴随着照明灯具的老化，灯具光的输出能力降低和光源的使用时间的增加，光源发生光衰，或由于房间灰尘的积累，致使空间反射效率降低，致使照度降低。一般较清洁的场所，如客厅、卧室、办公室、教室、阅读室、医院、高级品牌专卖店、艺术馆、博物馆等维护系数K取0.8；而一般性的商店、超市、营业厅、影剧院、机械加工车间、车站等场所维护系数K取0.7；而污染指数较大的场所维护系数K则可取0.6左右。

二、举例分析

1. 举例一

设计条件：面积为20m²的室内空间，使用9套3×36W的隔栅灯，要求达到约540lx照度，采用光通量为2500lm的光源，求该空间平均照度是多少？

根据公式可求得：Ev平均照度(1x) = 单个灯具光通量(lm) × 灯具数量 × 空间利用系数 × 维护系数 ÷ 地板面积（m²）

$$= (2500 × 3 × 9) × 0.4 × 0.8 ÷ 20$$
$$= 1080（lx）$$

结论：该空间平均照度是1080lx。

2. 举例二

设计条件：面积为800m²的室外体育馆，使用POWRSPOT1000W金卤灯 60套，它的光通量为105000lm，求该空间平均照度是多少？

根据公式可求得：平均照度(Eav) = 单个灯具光通量 × 灯具数量 × 空间利用系数 × 维护系数 ÷ 地板面积

$$= (105000 × 60) × 0.3 × 0.8 ÷ 800$$
$$= 1890（lx）$$

结论：该空间平均照度是1890lx。

3. 举例三

设计条件：办公室长18.2m，宽10.8m，顶棚高2.8m，桌面高0.85m，利用系数0.7，维护系数0.8，灯具数量33套，灯具采用55W防眩目双灯管灯具，光通量3000lm，求该空间平均照度是多少？

根据公式可求得：平均照度(Eav) = 单个灯具光通量×灯具数量×空间利用系数×维护系数÷地板面积

$$= (3000 \times 2 \times 33) \times 0.7 \times 0.8 \div 18.2 \div 10.8$$

$$= 564.10（lx）$$

结论：该空间平均照度是564.10lx。

4．举例四

设计条件：卧室长3m，宽3m，顶棚高2.8m，灯具采用18W标准T8荧光灯，光通量1350lm，预期照度为150lx，求该空间灯具数量是多少？

根据公式可求得：灯具数量 = 平均照度(Eav) ÷单个灯具光通量÷空间利用系数÷维护系数×地板面积

$$= 150 \div 1350 \div 0.4 \div 0.8 \times 9$$

$$= 3.125（盏）$$

结论：所需灯管3盏。

三、注意事项

照明设计必须要求准确的利用系数，否则会有很大的偏差，影响利用系数的大小主要有以下几个因素：

1）灯具的配光曲线；

2）灯具的光输出比例；

3）室内的反射率，如天花板、墙壁、工作桌面等；

4）室内指数大小（见表8-4）。

表8-4　住宅室内照明参考标准

房间或场所		参考平面及其高度	照度标准值/Lx
起居室	一般活动	0.75m水平面	100
	书写、阅读		300
卧室	一般活动	0.75m水平面	75
	床头、阅读		150
餐厅		0.75m水平面	150
厨房	一般活动	0.75m水平面	100
	操作台		150
卫生间		0.75m水平面	100

课后作业

作业要求：1．办公室长10m，宽10m，选择功率密度为12W/m²的荧光灯（32W的T8荧光灯）作为所需要照明的灯具，教室内灯具有38只，使用功率密度法求平均照度。

2．面积为30m²的客厅，要求达到约300lx照度，采用光通量为1200lm的 18W标准紧凑型荧光灯，使用简化流明法求该教室使用灯具的数量。

3．工作室长30m，宽15m，顶棚高2.8m，桌面高0.75m，灯具采用36W标准T8荧光灯，光通量2850lm，使用利用系数法求该空间平均照度。

作业数量：做在A4复印纸上，列出公式，得出结论。

建议课时：8课时

9

灯具及照明
案例欣赏

◀ 章节导读

在现代的空间设计中，灯具除了功能性照明作用外，同时对空间的气氛营造也起着重要作用，而且灯具本身的造型及发射的光芒也使其成为建筑空间不可或缺的重要组成部分，本章主要欣赏一些代表性的灯具与照明案例（图9-1）。

图9-1　住宅空间照明

第一节　灯具欣赏

现代的灯具，已经不仅仅是用作照明，一盏漂亮的灯具，可以透过光影的层次营造浪漫的气氛，创意的灯具也让我们的生活充满了趣味。

这件灯具是丹麦设计师保尔·海宁森的作品，其制作成本虽然较低，但却含有丰富的装饰元素。这盏吊灯整体呈圆球形状，但却施加了多种变换的工艺，具有强烈的层次感（图9-2）。

这件灯具是丹麦设计师布里特科尔伦姆和Normann合作的艺术品，它是将细长的纸片卷成美丽波浪，同时再将很多纸片构成造型优美的立体椭圆（图9-3）。

这件灯具是丹麦设计师西蒙卡尔科夫的作品，它运用69片半透空耐热塑料胶片组成，易清洗、易组合、轻巧的特性使它受到大众的欢迎（图9-4）。

这件灯具是德国设计师英戈毛雷尔的作品，它运用12个低瓦特的灯泡，加上鹅羽毛的翅膀，金属和红色的铁丝缠绕，整组吊灯呈现出神话般的古典诗意，整个吊灯高为100mm（图9-5）。

图9-2　"PH雪球"吊灯

图9-3　叠云吊灯

图9-4　叠片吊灯

图9-5　灯泡飞鸟吊灯

图9-6　LED玻璃片灯

这件灯具是德国设计师英戈毛雷尔的作品，一片画着吊灯图像的玻璃片，其中点点光亮是镶嵌着的270个LED灯在两面发出光芒，整个吊灯面用两根铁丝支撑着，在设计上刻意隐藏支撑的铁丝，营造吊灯悬浮在空中的奇特气氛（图9-6）。

这件灯具是德国设计师布鲁克的作品，灵巧优雅地吊在天花板上或是栖息在墙壁上，当上方的灯光洒下来，蜻蜓的身影会轻柔的浮现在你的面前（图9-7）。

图9-7　蜻蜓吊灯

第二节　照明案例欣赏

一、酒吧空间照明

原木围绕形成的小木屋座位区是酒吧的聚点之一，它的照明系统分为两种。每一区域中心的上方设置有一组射灯，对餐桌进行焦点的局部照明，凸显客人的私人领域感。在墙体的一段沿线设置灯带，对餐桌区域进行灯光的补充照明［图9-8（a）］。走廊的墙面以雪地森林题材为背景，使客人仿佛置身于神秘的雪原林海中。将射灯沿着壁画成阵列照明，使客人加深了对冰雪的整体印象［图9-8（b）］。

跳舞区是酒吧的另一个重点区域。粗糙的藻泥墙面、折光地面材质和光滑的玻璃扶手形成强烈的视觉反差，沿楼梯设置的灯带时尚又具有安全性，即使在客人很多的情况下，人们也会看清台阶，同时，天花的射灯也凸显了此处欢快的气氛［图9-8（c）］。卫生间是商业空间是否精致的重要指标之一，将洗手台藏于树洞之中，使整个环境变得妙趣横生。当然，此空间主要的照明灯具选用的是射灯［图9-8（d）］。

（a）

（b）

（c）

（d）

图9-8　酒吧照明

二、住宅空间照明

首先从住宅空间中的卧室部分开始，设计师从界面、结构、材质等多方面强调了简洁性，对于照明设计也是如此。卧室上方的射灯和两侧的落地灯体现出设计的精密和细致（图9-9）。住宅空间中的吧台部分，整体深沉色调的空间由于造型独特的灯具，显得熠熠生辉。光线给整个空间带来了流动的色调和情绪（图9-10）。

在餐厅，显而易见的是欧式风格，餐桌上方悬挂的水晶吊灯和环境丝丝入扣（图9-11）。住宅的浴室空间，墙壁的灯带和浴缸边缘温暖的烛光使空间充满了浪漫的情趣（图9-12）。

图9-9　住宅卧室照明

图9-11　餐厅照明

图9-10　住宅吧台照明

图9-12　浴室照明

图9-13　办公室书架照明

三、办公空间照明

　　办公空间照明大多都通过自然采光为主，自然采光更柔和，人眼的适应性较好。但是对于开窗面积受到限制的办公空间，只能通过灯光照明来辅助了。这套办公室的灯光多采用射灯为主，光照强烈，能有效弥补室内日光的不足，为了避免眩光，射灯主要投射到墙面或家具上，家具、墙面采用亚光面板材，反光系数低，配合局部仿真绿化，能产生比较自然的反射照明（图9-13~图9-15）。

　　办公室的内部空间自然采光较弱，使用频率较低的会议室、储物间，照明灯光变化多样，但仍以射灯为主。工作区照明多样化，包括吊灯、台灯，以及其他墙面反射的余光，满足不同工作状态下的办公人员使用（图9-16、图9-17）。

图9-14　接待区照明

图9-15　办公室会客区照明

图9-16　会议区照明

图9-17　工作区照明

四、专卖店照明

商业店面空间的照明大多与众不同，希望通过出奇、特异来吸引消费者。这家服装专卖店的设计风格独特，采取暖光照明，从建筑外的街景来看，暖光特别引人注目。照明自然采光柔和。灯光采取间接照明的形式，使进店顾客看不到明显的灯具存在，仿佛进入一个白昼室内空间，能让顾客的视觉中心都集中在商品上（图9-18～图9-20）。

店面内灯光借用拱窿顶造型向顶面照射，除了台灯与货柜中的条形灯外，再也看不到明显的光源，但是室内照度却丝毫不减，能让顾客在明亮的环境下选购商品（图9-21、图9-22）。

图9-18　店面入口照明

图9-19　建筑外门廊照明

图9-20　建筑内门廊照明

图9-21　店内入口照明

图9-22　货架照明

五、博物馆照明

博物馆照明大多以局部照明为主，目的是让观众将更多注意力集中在展品陈列上。局部照明对象一般以入口标题、模型、展品为主（图9-23~图9-25），对于走道等通行空间多采用反射照明，照度较低，仅满足识别功能需求，重点展柜中的余光也可以用于通道照明（图9-26）。此外，博物馆照明还根据展示主题来变化，高调的历史事件也会通过照度较高的灯光来烘托氛围（图9-27），展柜内部灯光一般是冷色LED光源，对展品和文字的清晰度表现很好（图9-28）。

图9-23　入口主题照明

图9-24　模型场景照明

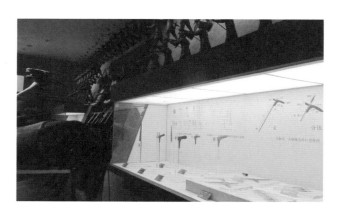

图9-25　橱窗照明

图9-26　走道照明

图9-27　主题展馆照明

图9-28　展柜内照明

后 记
POSTSCRIPT

我和庹开明、刘涛、梁俊、郑雅慧、刘岚、王红英是研究生时期的同班同学，毕业后在高校从事艺术设计的教育工作，在多次的聚会交流中，大家萌发了写这本教材的想法。通过数年的教学经验和项目设计经验，了解到大部分设计人员都想掌握照明设计知识，当然在校的大学生更想学习相关知识点，因为照明设计在现代设计中日益受到人们的关注和重视。

在我们编写的这本教材中，有意弱化了枯燥的光电理论知识和繁琐的数据，着重强调如何将照明设计和空间设计融为一体。《空间照明设计》填补了目前书店里照明类图书的空白点，希望阅读此书的读者能学有所获！

尽管写书的过程中困难重重，但在大家的努力下，在武汉美锐世纪艺术传媒有限公司编辑人员的努力下，本书终于面市。谨将本书献给我们可爱的家人，感谢他们的支持和理解，将本书献给我们亲密的好友，感谢他们的关心和帮助，最后，将本书献给我们的学生，书中的优秀习作都是选自于他们的课堂作业。

蒋樱

参考文献
REFERENCES

［1］姚凤林. 灯光环境艺术. 哈尔滨：黑龙江美术出版社.
　　　1998.

［2］陈有卿. 实用灯光控制电路300例. 北京：中国电力出版
　　　社. 2005.

［3］[日]中岛龙兴. 马卫星译. 照明灯光设计. 北京：北京理
　　　工大学出版社. 2003.

［4］[日]中岛龙兴. 马俊译. 照明设计入门. 北京：中国建筑
　　　工业出版社. 2005.

［5］北京照明学会照明设计专业委员会. 照明设计手册. 北
　　　京：中国电力出版社. 1998.

［6］阴振勇. 建筑装饰照明设计. 北京：中国电力出版社.
　　　2005.

［7］来增祥、陆震纬. 室内设计原理. 北京：中国建筑工业出
　　　版社. 2006.

［8］[日]NIPPO电机株式会社. 许东亮译. 间接照明. 北京：
　　　中国建筑工业出版社. 2004.

［9］[美]Mark Karlen. 李铁楠译. 建筑照明设计及案例分析.
　　　北京：机械工业出版社. 2006.

［10］常志刚. 亮度空间设计. 北京：中国建筑工业出版社.
　　　　2007.